微观生活史

隽味食谱 上

张伟　　陈子善　　主编
孙莺　　编

上海文化出版社

图书在版编目（CIP）数据

隽味食谱：全二册 / 张伟，陈子善主编；孙莺编
. -- 上海：上海文化出版社，2023.7
（微观生活史）
ISBN 978-7-5535-2767-3

Ⅰ. ①隽… Ⅱ. ①张… ②陈… ③孙… Ⅲ. ①饮食－
文化－中国 Ⅳ. ①TS971.2

中国国家版本馆CIP数据核字(2023)第106645号

出 版 人 姜逸青
责任编辑 黄慧鸣
装帧设计 王　伟

书　　名 隽味食谱

主　　编 张　伟　陈子善

编　　者 孙　莺

出　　版 上海世纪出版集团　上海文化出版社

地　　址 上海市闵行区号景路159弄A座3楼　201101

发　　行 上海文艺出版社发行中心
　　　　　上海市闵行区号景路159弄A座2楼　201101 www.ewen.co

印　　刷 苏州市越洋印刷有限公司

开　　本 787×1092 1/32

印　　张 19.625

版　　次 2023年7月第一版 2023年7月第一次印刷

书　　号 ISBN978-7-5535-2767-3/TS.088

定　　价 80.00元（全二册）

敬告读者 如发现本书有质量问题请与印刷厂质量科联系　电话：0512-68180628

让历史鲜活起来
——"微观生活史"总序（一）

张伟

不可否认，我们这一代人年青时阅读的（或者说提倡的）大都是宏观叙述的雄文，高屋建瓴，睥睨八方，雄视天下，酣畅淋漓，这样的文章风格是我们熟悉的，也是当时喜欢模仿的。司马迁所说的"究天人之际，通古今之变"，是中国史学的传统；刘玄德三顾茅庐、诸葛亮指点江山的故事，更为大家所津津乐道。上世纪80年代以后，这样的情况始略有转变，但节奏很慢，变化也并不大。印象中，在学术圈引起较大震撼的是王笛先生的几本书：《街头文化——成都公共空间、下层民众与地方政治（1870—1930）》（2006年）、《茶馆——成都的公共生活和微观世界（1900—1950）》（2010年）和《走进中国城市内部：从社会的最底层看历史》（2013年），等等，特别是那本"茶馆"，在当时曾引起热议，成为一个文化现象。王笛是成都人，在他看来，茶馆就是成都这座城市的灵魂和缩影，即茶馆不仅仅是人们喝茶的地方，更是这座城市的公共活动空间，在那里，可以仔细考察下层民众日常生活的细节。王笛的这些书应该说是微观研究的一个实践，它引导我们进入城市的内部，并进一步感受那个年代浓郁的社会风情。一滴水可以折射世界的真相，茶馆的背后，是时代的影像。

如果追溯历史，最早明确提倡微观研究的是法国的年鉴学派。20世纪初，他们先后创办了《历史综合评论》《经济与社会史年鉴》等杂志，反对旧的史学传统，主张历史不应当只是君主和伟人的历史，提倡总体历史学，把新的观念和方法引入历史研究领域。法国年鉴学派借鉴和运用历史学方法以外的社会学、心理学、计量学、比较学等众多学科的原则与方法来研究历史，注意开拓文献史料的来源，把研究的触角深入到人类历史的每一个细节。他们摒弃了以往只是把战争与政治作为研究对象的做法，达官显贵和元帅将军们不再是当然的主角，凡人俗事开始走上历史的舞台，成为研究的重点。他们倡导并深入探究人们的私生活及与其相关的生活方式、行为准则与文化习惯，"私人生活史"研究也因此成为法国年鉴学派的一个标志。这之后，各国历史学研究的领域与题材不断在扩大，历史研究逐渐从宏大叙事转向微观叙事，从对重大政治、经济、文化与社会事件的研究转向对日常生活、普通人物以及他们的经历的研究，诸如家庭环境、家居生活、交友空间、宗教信仰，以及教育、娱乐、饮食、旅游、生育、死亡等等，都是历史学家们热衷研究的对象。以观察细小的对象为基础，从对看似微不足道的对象的研究来发现历史、解读历史，这正是微观史研究的特点和魅力。

经国大事，人间烟火，都是社会的肌理组成，人们习惯了英雄叙事，难免忽视一地鸡毛，但转过身回过头来，方能悟出市民的日常生活才是构成社会的最重要部分，一切努力，最终目标不就是百姓康宁吗？社会之大，漫无边际，芸芸众生，丰富多彩，怎样全面、客观地去解析一个城市？什么才是构成一座城市的"鲜活细胞"？答案大概就隐藏在众多普通人的日常生活里吧？经常在想，我们在习惯宏观叙事之余，似乎也很有必要对微观层面予以更多的关注，感受日常生活状态下那些充满温度的细节，并对此进行深度挖掘，如此，可能会增加许多意外的惊喜，同时也更有利于从一个新的维度拓宽近代城市文化的研究空间。前些时我在主编《海派之源·人文记忆》这本书时曾写道："上海西南的徐家汇和土山湾地区，堪称中国近代文化的一处重要发源地，它既生产物质，也培养人才，堪称中国近代文明进程中的一根标杆。这已成为学界的共识。但这块发源地是如何开垦的？这根标杆又是怎样竖起来的？如果将此视作一个庞大的工程，那么以往我们着眼较多的是这个工程的组织方，也即那些院长、校长、神父、嬷嬷、主任、教授等等上层人物。这些精英阶层是打基础的，他们决定着事物的走向，自然容易受到大众和媒体的重视；而我们这本'人文记忆'，一个很大的特色，则是将笔墨的重点放在了普通人身上，着力描绘勾勒那些长久不受重视，甚至生平身世都很难考察以致湮没在历史中的世俗小人物，如王安德、范殷儒、徐咏青、邱子昂、徐宝庆、朱志尧、潘氏父子等等。在我们看来，这些平民阶层也是熠熠闪光的，他们都是掌握着绝世本领的不凡人物，他们很难谋划方向，但却往往能决定质量，增加重量；他们都在某一领域做出了出色的，甚至杰出的贡献，当年他们的精彩无比，被视作了平淡无奇，百年之后的今天，却成了我们必须重视，值得努力打捞的珍贵历史。"

徐家汇是一个很好的样板，其他地方也莫不如斯。秉此理念，我们这套丛书，涉及时间段为 1840 年以来的近代中国，而内容则几乎无所不包，尤其重视凡人俗事以及观念习俗、地域环境等等在大时代中的衍变，无论是琴棋书画、衣食住行，还是草木虫鱼、习俗流弊，都是我们深感兴趣并欲研究展示的，所谓以个体观世界，从细微看全貌。消失了生活方式的社会和人生是不完整的，不但残缺而且黯淡无光。我们愿意努力提供虽然细微但却鲜活的历史，希望在一些貌似平淡无奇的人物和现象当中，能够得到认识历史和理解历史的启迪；我们愿意眼光向下，和大家一起回顾历史上芸芸众生的日常生活，也借此打量我们今天的自己；我们不惧"碎片化"之讥讽，唯愿这些"碎片"能够拼接成灿烂的锦缎。小人物也有可能构建大历史，历史因凡人俗事而更近烟火，历史因拓宽领域而丰富多彩。希望我们的"这滴水"，能够映照出大海的一角，也愿和大家一起分享"这滴水"。是为序。

2022 年 4 月 1 日晨五时于上海

"微观生活史"总序（二）

陈子善

　　张伟兄是我的挚友，各自的学术兴趣有同也有异。我一直局限在中国现代文学史研究领域里，至多扩大到台港暨海外华文文学领域。张伟兄的雄心就比我大得多。他从研究中国现代文学史起步，不但做得有声有色，而且不以此为满足，不断拓展，上海电影戏剧、小校场年画和近现代月份牌、徐家汇和土山湾画馆往事……先后进入他的研究视野，同样研究成果累累，往往是得风气之先，令海内外学界瞩目。

　　去岁有次与张伟兄闲聊，他又产生了一个大胆的新想法，起意主编一套"微观生活史"丛书。我想，这是他关注都市日常生活，力图从多个方面重现近现代上海市民日常生活的新的努力。正巧，作为同是上海人的我，也对那时上海市民的日常生活有浓厚的兴趣，我们还为此讨论过若干具体的设想。张伟兄这项富具创意的工作已开始付之实施，万万没想到的是，他出师未捷就突然离开了我们，这是令我深感痛惜的。而他的遗愿，也只能由老友的我来接着完成了。

　　对这套"微观生活史"丛书的宗旨、价值和意义，张伟兄已在总序中作了较为全面的精彩的论述，不必我再饶舌了。我只想再强调的是，我们拟从新发掘的各种原始文献切入，对近现代上海的市民社会，从私人史、物质史、饮食史、服饰史、器物史、消费史等众多角度来加以呈现，以有助于用更新颖更独特更接近原生态的方式观察历史和表达历史，从而填补以往历史叙事的缺漏和不足。

"民以食为天"，"微观生活史"丛书首批就是孙莺女士编的《海上食事》和《隽味食谱》两部书。希望能以此为开端，给广大读者打开一个新的天地。

2023 年 6 月 1 日于海上梅川书舍

凡例

本丛书所选之文，就时间而言，起自1872年《申报》创刊始，止于1949年中华人民共和国成立。就篇目来源而言，为晚清至民国数万种期刊报纸，以期刊为主。就编选原则而言，为文献性和可读性。文献性是指所选之文皆有明确出处，可提供进一步研究、探讨的借鉴，具有长期使用、参考的价值；可读性是指所选之文皆富有文采，具有阅读和欣赏的文学价值。

因所选之文时间跨度较大，故而文中个别词语及修辞语法与今稍有不同，说明如下：

一、虚词如"唯"和"惟"，在近代文献中互相通用的情况较多，本丛书除直接引文外，均遵循今用法。"甚么"（什么）、"那末"（那么）、"底"（的）等，为当时的语言特色，不影响阅读，故不做修改。

二、译名和专有名词保留原文，如影响原文的阅读，则加以"编者注"，如"越几斯"加页下注为"日语译名，为酸素之意"等。一些专有名词如"萝蔔"和"萝卜"，不同作者所用词语不同，除保持同一篇文章内名称一致外，不对整套丛书的用词做统一，以呈现近代文化的多样性。

三，本丛书部分文章，最初发表时未经标点，由编者自行标点，难免会有讹误，请海涵。

四，本丛书之《海上食事》中，涉及租界路名之处，均以"编者注"的形式加以注释，如"爱多亚路"注释为"今延安东路"，以便读者了然新旧路名。

五，本丛书所配之图，分为三种，一是明信片，部分来自私人收藏，部分来自上海市闵行区图书馆自购数据库，故无具体时间和出处；二是旧照，大都有具体时间和出处；三是画作，大都亦有具体时间和出处。

前言

孙莺

从前火车慢，乘绿皮火车去杭州总要停靠南湖站，站台上有卖青菱的小贩，一网兜小青菱并不便宜。然而，路过南湖，不买一点小青菱坐在车窗边剥剥，总觉得少了点什么。

南湖遍布菱塘。夏末，在南湖上荡舟，船娘把乌篷船撑到菱塘里，顺手捞几只菱上来给客人尝鲜。碧水一泓，采菱荡桨，宛若画中。

菱有红青两种，红菱角头大，青菱角头小，而嘉兴南湖的小青菱则以无角出名。传说乾隆皇帝下江南，驻驿南湖烟雨楼，吃的菱角是有角的，他叹道："这样好吃的菱，要是没有角，岂不是更好？"皇帝一开金口，南湖的菱角就此没有角了。在民间传说里，皇帝是无处不在的，尤其是江浙之地，随时随地都能邂逅乾隆皇帝。

和小青菱同样鲜嫩的是杭州西湖的刺菱。望名生义，刺菱有刺，细如指甲。论味，是西湖刺菱略胜一筹，想来是剥壳辛苦，所以格外珍惜这指甲大一点的菱肉。

用极嫩的青菱肉炒小白菜，或是和京冬菜同炒，是嘉兴南湖的家常菜。嫩菱还有一种吃法，是把剥出来的菱肉蒸熟，用酱油和麻油拌食。菱肉烧豆腐也是极好的，略加鲜酱油和糖，有肉味。老菱一串串挂在檐下风干，碧绿的菱壳变成象牙黄，可生吃。菱肉剥出来可与五花肉同炖，令人想起夏日的菱塘。

绍兴亦是产菱之地。尤锦生《菱湖即事诗》云："越溪绫子放吴绵，郎入醋乡妾未眠。几度蹴郎郎不醒，隔湖打过傍鲜鲜。"越溪，传说为越国美女西施浣纱之处。"傍鲜鲜"则是一种小细鱼的名字。冬天的越溪，黎明时分渔船即起，棒鼓声声不绝，意即告知客人赶早来买鲜鱼啦。"傍鲜鲜"三字入诗，灶间烟火气扑面而来。

说到傍鲜鲜，就想起朱竹垞《南湖棹歌》："小娘浜接鹭鸶村，一带青旗飏白门。跳上岸时须认得，秀州城外鸭馄饨。"嘉兴人把喜蛋称为鸭馄饨。喜蛋即全蛋，指小鸡已成形而尚未孵出的蛋。1990年代初，每次路过天钥桥路汇联商厦的弄口，总见一老妪守着煤球炉子卖喜蛋，炭火微星，夜色湮然，香气扑面。今日念及，忽觉时光荏苒，物非人非。

菱分新菱和陈菱。新菱是当年的菱，陈菱是去年的菱。五六月间，乡人清菱塘时，在底部的淤泥中，能掘出去年的菱角，味亦美。只是菱壳是乌黑的，在菱角的心里出起一根似细丝般的苗，如莲心的绿芽儿，即范寅在《越谚》中所述及的"搀芽大菱"。

老菱装篰，日浇，去皮，冬食，曰"酱大菱"。

老菱脱蒂沉湖底，明春抽芽，捞起，曰"捞芽大菱"，其壳乌，又名"乌大菱"。肉烂壳浮，曰"氽起乌大菱"，越以讥无用人。捞菱肉黄，剥卖，曰"黄菱肉"。老菱晾干，曰"风大菱"。嫩菱煮坏，曰"烂勃七"。

绍兴乡下，菱塘遍布，鉴湖附近的乡民皆以种菱为业，衣食住行仰自菱业。创办于1906年的鉴湖小学就是从每年的菱业收成中抽提若干作为筹办教育的经费。绍兴的菱塘里是不能养草鱼的。1905年7月1日，山阴大令王少潭发布公告，禁止乡民在鉴湖里养殖草鱼。因为草鱼会吞食菱花，影响菱角的收成。王少潭以严词正告乡民，必须将湖中草鱼悉数打捞出，如胆敢违抗，将严惩。

清人汪日桢在参修《湖州府志》时，负责编纂"物产"一门，所选皆以旧本为志，取《尔雅》、《说文》、《诗》疏、《本草》诸书，辨异参同，删繁举要，撰成《湖雅》一书。书中所收物产皆为湖州所有。其中关于菱的记载有：

《仙潭文献》：水红菱最先出。青菱有二种，一曰"花蒂"，一曰"火刀"，风干之皆可致远，唯"火刀"耐久，迫春犹可食。因塔村之"鸡腿"，生啖殊佳；柏林圩之"沙角"，熟渝颇胜。乡人以九月十月之交撤荡，多则积之，腐其皮，如收贮银杏之法，曰"阆菱"。

仙潭为湖州德清县新市镇的别名，亦是水乡鱼米之地，京杭大运河傍镇而过，水路可达杭州、上海和苏州。菱塘遍布，故青红菱品种不少，以"鸡腿"称呼菱角，与"傍鲜鲜"称呼小鱼类同，有乡间拙朴之气。

松江府亦产菱，其味不输南湖青菱。松江附近有一个叫草鞋浜的村子，村民家家种红菱。菱一上市，松江火车站附近的马路桥旁就摆满了成篓成筐的红菱，红艳艳的一片。松江人乘火车去上海，都会带几篓红菱馈赠亲朋。松江的下漾村亦盛产红菱，味道不输草鞋浜红菱，只是下漾村民以种田为业，种菱是副业，产量少，故名气比不上草鞋浜红菱。

松江红菱生熟皆宜。新采的嫩菱宜生吃，甘脆鲜嫩；半生半熟的菱肉则用来炒杂锦菜，口感如山药；风菱熟吃，香甜细糯，若用盐水煮或是与黄鳝同烧，味道亦极佳。煮菱最好用紫铜锅或瓦罐，不能用铁锅。铜锅烧菱角易酥，且菱角色艳。将煮好的红菱剥去外壳，去掉淡红色的衣，菱肉上有一个美丽的紫背，据说独松江红菱才有。

在江南，凡有湖处皆有菱塘和荷塘。嘉兴南湖、杭州西湖、苏州太湖、南京玄武湖皆然。旧时玄武湖，人烟稀少，风景独幽，湖中备有小舟供客自行泛游。盛夏时节，荷叶田田，红衣冉冉，水面遍浮小青菱和鲜鸡豆。舟无人渡，菱任客啖，味道与南湖小青菱相差无几。今日玄武湖，荷花似昔日，而青菱已无踪迹。

民初有句玩笑话，说苏州的馄饨菱产自玄妙观，而非太湖。所谓馄饨菱，是指菱角外形颇似馄饨。民初时期，苏州一班文人学子，闲来无事，总聚在玄妙观的茶寮里喝茶闲谈。附近的乡民来兜售煮熟的菱角，价甚廉，穷文人亦买得起。一杯清茶，一堆菱角，可消磨多半时日。只是熟菱的外壳太厚，剥起来颇费劲，故卖菱的乡民均手持匕首替客人剥菱壳。由此，玄妙观的馄饨菱就这么出名了。

采菱，黄伯惠摄影，刊载于《美术生活》1935年第21期

在北京，吃菱得上什刹海。每年五月节以后，什刹海的两岸都搭满了茶棚、饭棚和玩意棚，还有许多摊子。摊上有卖果藕、莲蓬、菱角、鲜核桃、杏仁、鸡头米等。茶棚临水而设，喝喝茶，剥剥菱角和莲蓬，看看荷花，有身在江南的错觉。

北京人拿菱角米烧腊八粥，《燕京岁时记》中记述：

腊八粥者，用黄米、香米、江米、小米、菱角米、栗子、红豇豆去皮，枣泥等合水煮熟，外用染红桃仁、杏仁、瓜子、花生、榛穰、松子及白糖、红糖、琐琐葡萄以作点染。切不可用莲子、扁豆、薏米、桂圆，用则伤味。

黄米、小米、江米都是主食，再加上富含淀粉的栗子和菱角米，这样一碗粥，结结实实吃下去，可抵一日饥，想必北方人是把粥当饭吃的。而在浙江，腊八粥里的食材恰是北方所弃用的莲子、薏米、桂圆，以及红枣、红豆、松子、核桃、花生仁等。诧异的是，同为江南的崇明人烧腊八粥则要放青菜、白薯、芋头、油豆腐、豆腐干、鸡丝、红枣、黑枣、莲心、桂圆等，荤素一锅，咸甜兼备，不知吃起来是什么滋味。

清人何绍唐的《羊城竹枝词》写菱："欲采新菱趁晚风，塘西采遍又塘东。满船载得胭脂角，不爱深红爱浅红。"风格近于刘禹锡的竹枝词，字字生香。广州的菱多为黑色的两角菱，四角菱很少见。旧时广州人用菱角给孩子做菱角车玩。钟敬文在《广州风物杂忆》[1]述及菱角车："这种玩艺，俗谓之菱角车，我少时很喜欢玩弄它。自入学校，从事于学生生活以后，这种富于诗情的儿童趣事，别来已不觉十多年岁了。"

没见过菱角车，百思不得其形，遂去查了旧时广州菱角

---

1. 刊载于《一般》1927 年第 3 卷第 2 期。

车的记载。其具体做法是把菱角挖空，用细竹竿贯穿，竹竿上放置小木块，在菱角的一面开小孔，系线于竹竿上，由小孔透出。先纺其线，使尽缠于竿上，然后用力一抽，竹竿和小木块即旋转不已。

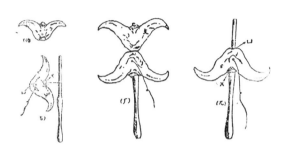

菱角车制法图示，刊载于《少年》1923年第13卷第8期

年岁渐长，时常忆旧。回望年少，犹如隔着磨砂玻璃，影影绰绰，纵有遗落的细节，亦可用想象去填补，所以回忆总是美好的。正如1927年旅居广州的鲁迅，在《〈朝花夕拾〉小引》中写道：

我有一时，曾经屡次忆起儿时在故乡所吃的蔬果：菱角，罗汉豆，茭白，香瓜。凡这些，都是极其鲜美可口的，都曾是使我思乡的蛊惑。后来，我在久别之后尝到了，也不过如此；惟独在记忆上，还有旧来的意味留存。他们也许要哄骗我一生，使我时时反顾。

嗯，我也很想念儿时的故乡。

目录

村酒山肴

2　　新烹饪（朱梦梅）

27　　中馈谈（丁逢甲）

106　　余家食谱（知味）

121　　瘫庵食谱（梅瘫）

厨余杂录

168　　梅子（王传英）

172　　改良宴会之一席话（缪程淑仪）

179　　烹饪科和味之原料（缪程淑仪）

186　　秋季食物之储藏（缪程淑仪）

192　　春盘之研究（缪程淑仪）

200　　食蟹的常识（缪程淑仪）

207　　饮食物（邢大安）

隽味琐谈

216 青梅（SHA）

219 南京食谱（洒支）

224 救荒食料之研究（天虚我生）

227 梅之吃法（清癯）

229 食品掌故（鲁伦）

233 隽味掌故（胭脂）

240 陈皮梅研究（冼冠生）

244 重阳糕详论（钱一燕）

248 无锡的脆鳝与江阴的软鳝（扬子江）

251 绍兴的家常菜（金鼎）

255 北平的巷头小吃（徐霞村）

263 谈谈湖北人吃的汤（郭涛）

266 北平的窝窝头（张中岳）

270 谈吃鱼（金受申）

286 北京菜（金受申）

296 夏季北京的家常菜（识因）

四季食谱

302　吾家之羊肉烹调法（丁澹岩）

304　秋冬果类之烹饪谈（徐絜）

306　初夏之家庭烹饪谈（阿絜）

309　消暑新食谱（庄通三）

311　冬令应时食品谈（孙继之）

314　冬令饮食杂志（王雨桐）

316　谈果子露（漱梅）

318　年夜糖的制法（蓣云女史）

320　夏令应时的食品数种（王北屏）

323　立夏之食谱（倚石）

325　今日之黄鱼食谱（倚石）

327　西瓜漫谭（倚石）

330　西瓜食谱（壮梅）

334　食藕新谱（穹汉）

336　竹笋与蚕豆（阿刚）

338　食谱翻新录（王梅璩）

341　暑期茹素小食谱（仲谋氏）

343　夏日的冻食（芥子）

345　新秋美点（忆秋）

347　家常点心（朱戤）

350　盛夏里（黎鸿）

357　早秋食谱

巧手为炊

362　荷兰水之简制法（苏仲英）

363　家常日用（涟川沈氏）

367　果酱简制法（茧翁）

373　醉蟹制法（厚生）

375　鱼类调制法十种（家俊）

381　两种蟹的调制法（小沈）

383　烹饪小技数则（荣文霞）

388　日本的腌渍法（倬汉）

396　荷花醋的制法（筱英）

398　两种蛋的制法（王建勋）

404　制造法一束（营之）

427　怎样酿造葡萄酒（慧蓉）

食物考略

432　北京的腊八粥（乐均士）

440　林四娘蝴蝶面本事诗（石瘦鹤）

442　肉松创始之述闻（碧城）

444　角黍考略（黄华节）

453　点心考（费）

456　正月十六吃馄饨的故事（卫怀彬）

殊味食谱

460　食古斋丛谈（健儿）

462　鸳鸯蛋（萱百）

464　山珍之猴头（佛光）

466　冷香阁漫录（殷李涛）

467　粤人食蛇之俗（徐仲可）

469　谈饶汉祥（石鹤）

471　食蟹小谱（石仲谋）

473　马肉与瞿鸡（高无双）

475　赤松子（君美）

476　嬉蛋与羔胎（持佛）

477　记梧州之蛤蚧酒（履冰）

478　谈蟹（百圭）

480　鲈话（陈伯英）

482　一张诗意的菜单（费元藩）

483　铁锅蛋（祝枕江）

484　菜中有诗（蒋德祺）

486　圣诞节食谱（鸳湖寄生）

489　新食谱（鸳湖寄生）

499　烹调秘术（李均一）

538　西法制糕诀（振华）

545　洋菜烹饪谈（摄生）

552　我家的美馔（文清　许言午　徐宝山等）

558　素食食谱（周逸君）

561　我的烹饪经验谈（徐学麟）

564　几种西餐汤菜的烹调法（文龙）

570　点心食谱（范岱青）

573　炖肉食谱（范岱青）

576　熏制食谱（小月）

580　西餐食谱（范岱青）

582　牛肉食谱（袁莹）

585　西点食谱（袁莹）

村　酒　山　肴

新烹饪

朱梦梅

例言

吾国于烹饪一门，素鲜专书，如《中馈录》《随园食单》等，皆语焉不详，于卫生上尤少说明。至西籍中虽有述及饮食与卫生之关系者，然习俗既异，其烹调诸法，大半不能实行于吾国，故是编所载，均系个人之经验，凡知其法而未实地试验者，概不列入，是编所载虽系烹饪诸法，然与卫生学、生理学、化学、医学有关系者，均不敢从略，以期增进家庭常识。凡寻常家庭烹调之法，多载入鄙著《烹饪学》中，是编所载，大半为普通家庭所不知者，唯调味虽佳，而不合于卫生者，概不载入。物各有特性，本不可穿凿为之，是编所载假莴苣、假蟹粉等，颇近矫揉造作，然既名之为新烹饪，则聊备一格，正如行军者用奇兵制胜，故存而不删。

烹饪之法，虽有新旧，而厨房之整，抹布之勤换，砧板之刮刨，锅子之洗涤，均须十分清洁。若食品不鲜，火候不合，搭配不得其宜，调剂不得其法，手不常濯，镬不时洗，烟煤则厚积灶上，灰尘则杂于菜中，虽使易牙复生，恐亦烹之不得其味矣，新云何哉。

加厘鸡

加厘系 Curry 之译音，为一种西产之黄姜，市上各药房及广东宵夜馆中出售者，系 Currypaste（加厘酱），多自西洋运来，大瓶价约二元，小瓶约七八角，其味辛香，性能暖胃行气，食用适宜，颇有益于消化。至鸡肉之成分，早经化学家研究，肉中所含蛋白质、脂肪质等，实较优于他肉类，其营养上价值如何，自无待言。加厘鸡之烹调，以大餐馆为最佳，然余经数次之实验，其成绩亦颇不恶。

法先购嫩鸡一只，去羽毛肠胃洗净，斩成长方块，入锅中加水煨烂。另用一锅，入熟猪油四五调羹熬热，再加加厘酱三四调羹，与熟油同熬，待熟透，乃将他锅之鸡肉捞起，倾入油锅中，不可连汤倾入。用筷不住手拌之，再加糖盐、酱油适宜，盖上锅盖，略煮数滚，即可起锅，以白瓷盆盛之，或加山药及冬笋等与鸡同烧亦佳。

虾子叉烧肉

叉烧肉，以广东宵夜馆为最擅长，风味既佳，而烧法合于学理。盖煮肉等法，肉中主要之营养分，半存在于肉中，半溶解于汤中，故肉终失真味。至叉烧肉则不用汤水，不过将猪肉之较瘦者，切成长条，在酱油中略浸，置于铁网或铁叉上，下用炭火焖之，肉外徐涂以广东酱，肉中养料丝毫无所损失，肉之真味自然不变。余屡次试验，以未得广东酱，即用甜蜜酱代之。某日忽起好奇心，肉将烘熟时，不涂以甜蜜酱，而以酱油少许与虾子拌和，遍涂于肉上，烧熟尝之，其味大佳，余遂居然以发明家自命，特为定一新名词曰"虾子叉烧肉"。

香蕉羹

香蕉为水果中之上品，饭后偶食一二枚，能助消化，常食之，能预防喉症，盖香蕉中含有一种精华，有特别之功用，为化学家所考得，各国医生均深信其说。唯香蕉虽为有益之物，食时以外皮黄熟而有黑点者为最佳，若外皮全黑，或成黑褐色，其果肉业已腐烂，食之有害。至外皮全青，或半青半黄，是为果肉尚未成熟之证，食之非特不能有益于消化，反有害于消化，此层不可不知。香蕉羹之烹调，须用上述最佳之香蕉，约二三只，去皮及果肉上之直筋，此亦为不易消化之物，横切成铜元形，入瓷盆待用。另用洋瓷锅入水一大碗烧滚，将切片之香蕉倾入，同时加入适宜之白糖及小粉，小粉不宜太多，用筷不住手调和之，务使小粉不粘住锅底，待水再滚，撒入松子仁数十粒即成。

西瓜鸡

西瓜性能清暑解渴，夏日食之颇为有益，唯不宜多食，其存久而稍有腐烂者，宜即弃去，食之有害。西瓜之皮，切成薄片，用酱腌透，风味甚佳。若用嫩鸡入西瓜皮蒸透，清鲜异常，较冬瓜鸡各有妙处，此法系得诸吴县第二高等小学校庖丁某。

法用小西瓜一枚（约与学生所踢之皮球，大小相同），于顶端切去一盖，挖去瓜瓤不用，乃入切成整块之嫩鸡、麻菇、水、盐各物于瓜中（或用鸡汤及炖熟之鸡肉、火肉亦可，如是则蒸半小时足矣），盖上瓜盖，将瓜盛在大碗内，隔水蒸三小时，取出去瓜皮食之。

松子鸡

将嫩鸡带皮切成薄方块，约铜元大小，另用虾仁、火腿屑、松子仁屑三味，略加鸡蛋白拌和打烂，做成球形，黏于鸡块（鸡皮在外，此数味须黏于鸡肉上），盛于瓷盆中，在饭锅上蒸熟。另用鸡汤熬滚，入蒸熟之鸡块于其中，略沸即可取出。

西瓜皮煨火腿

西瓜皮贱物也，然以之与火腿同煨，则自成风味，由此知废物均可利用，特粗心人不足与语此耳。法先食去瓜瓤，将皮切成寸许长方形小块，再将外层青皮切去，加麻菇、香蕈、水、盐，与火腿同煨二三小时取出，味鲜而甘，不知者必疑其为冬瓜也。

瓜姜肉丝

将酱瓜、酱姜切成细丝，先用猪油起锅，加作料与肉丝同炒，味颇特别。

三鲜蛋

鸡蛋之成分中，含滋养分甚多，故常食极为补身。十余年前，每枚鸡蛋，其价只三四文，今已增至十七八文一枚，大半因人民深知鸡蛋补益之价值，食用者愈多，故其价亦愈昂耳。唯烹调之法，若不讲求，则食之仍无大益。近日世界文化进步，人人知饮食与生命有关，故争研究合理之烹饪，务以味鲜美而易于消化为主，本节所述三鲜蛋之烹饪，颇合此旨。

法用鸡蛋三枚打碎，置入中号碗中，加去油之火腿汤一茶杯，盐少许，用筷极力调和，在饭锅上蒸熟，形如极嫩之水豆腐，再加火腿屑两调羹，麻菇屑两调羹，鲜虾仁两调羹，生鸡蛋去壳一枚，连蒸熟之蛋同入大号碗中，再加麻菇汤一茶杯，食盐少许，极力调和，仍在饭锅上蒸透食之，用此法蒸成之蛋，碗面碗底各料均匀，嫩而不硬，故为可贵。若寻常炖蛋，虽加入火腿屑等珍贵之物，往往上清下浑，上嫩下老，碗底必生成坚硬之肉块也。

虾球

用鲜虾仁一碗，加入鸡蛋白二三枚，再加盐酒少许，入石臼中打烂成酱，用调羹盛之，略捏成球形，置于大盆中，再盛再捏，及将球作完，即在饭锅上蒸熟，或炒食或制汤均可。

炸虾球，如上节所述，将虾球蒸熟，再在熟猪油中炸透，用甜蜜酱蘸食之。炒虾覃如上法，制成之虾球，置于大香覃中（香覃先在水中略浸，剪去其柄，虾球须置于其背面，使之十分贴切），一覃一球，大小务极平均，乃盛入瓷盆，在饭锅上蒸熟，用时取熟猪油起锅，倾入虾覃，另加笋片、盐、糖、淀粉，略炒即成。

京冬菜炒豆腐

先用猪油起锅，入豆腐略熬，乃倾入京冬菜（即用白菜切丝制成，南货店中均有出售），不住手炒之，再加盐、水、酱油合宜，待沸透即停火，若久煮则香气易于散失，味便不佳。

豆沙糕

赤豆一合，煮熟研烂，滤去其皮，复以白糖八两、冰糖二两、洋菜（即石花菜）适宜，加水煮之，使沸透，至洋菜溶化，乃加入豆沙及清水一合许，用筷搅极和，再煮一二小时，倾于方盘内，经若干时，遂凝结成糕，可随意切成方块。

拌鳖裙

将鳖鱼斩碎成块，洗极净，入锅中加水略煮，取出连甲之块，剔取其裙（即附于甲边之厚皮，至余下之肉，待其煨烂，再加作料，或清炖或红烧均佳），用镊子夹去裙边之黑翳，再加猪油入锅略炒，用姜桂末拌食之。

玉兰片

用玉兰片（系一种极嫩之笋干，可向南货店中购之）三四两，在清水中浸半日，待其发胖，取出切成薄片，去老头不用，乃用猪油入锅熬热，倾入玉兰片，另加盐、糖、蒸粉及水少许，炒熟起锅，若加虾子同炒，其味更佳。

玉兰片干贝汤

同上法，取玉兰片浸胖，切片，另用干贝若干入碗中，加水及绍兴酒少许，在饭锅上蒸透，取出撕碎，与玉兰片同盛一锅，加入浸玉兰片之清汤，及盐一撮，煮透即成。

假杏酪

杏仁中含有一种物质，名曰青酸，有大毒，幸所含不多，故食之无害，反有止咳之功效。旧法杏酪之制法，系用杏仁若干，先去其皮，乃入石臼中打烂，盛于布袋，用开水冲之，滤去其渣，加入冰糖即成，饮之有止咳之功用，此法手续太繁，殊觉不便。近日菜馆中有用杏仁露加水冲淡代之者，利便多矣。至余所实验之假杏酪，并不用杏仁露，其价更廉，系用化学中一种药品，名曰苦扁桃油制成（苦扁桃油西名为 Oil of bitter almond，有大毒，苟如法实验，不增加分量，亦不过度服用，则性能止咳，并无危险），香味与杏仁无异，功用亦同。法以苦扁桃油十六滴，滴于炭酸镁（系一种白色之粉末，西名 Carbonate of magnesium）六十英厘中，入研钵研和，再倾入冷开水三十二安士（一安士即一英两，西名 Ounce），用滤纸滤净，去渣淬不用。其滤净之水，即名杏仁水，甜香异常，入玻璃瓶塞紧，以免泄气，用时取杏仁水一二调羹，与温水半茶杯调和，再加白糖适宜，即成假杏酪矣。若嫌其太清，可先用藕粉少许，与滚水半茶杯调匀，然后倾入杏仁水一二调羹亦可。

山药馒头

以山药十两去皮，粳米粉二合，白糖十两，三物同入于擂盆中研和，以水湿手，捏成馒头坯子，内包以豆沙或枣泥之馅。乃以水湿清洁之布，平铺于蒸笼内，置馒头于上而蒸之，至馒头无黏气时，则已熟透，即可取出。

橘酪

各种橘实，味香而甜，性能增进食欲，辅助消化，其用途甚广，若制成橘酪，自成种风，病者食之，颇为相宜。

法用蜜橘或广橘二三枚，剥去其皮，再将内皮撕下，挤去其核，待用。先将开水一大碗，在锅中煮沸，倾入与冷水调和之藕粉适宜（不宜过多，过多则太厚，味便不佳），用筷不住手调和之，徐加入剥净之橘肉，待略沸即可取起，取起后复用剥下之橘皮，以手挤紧，使皮中所含之香油射入酪中，香味更浓。

胡桃肉炙羊腰

用羊腰数枚（猪腰亦可）入锅中，加水煮熟，取出，撕去其外包之膜，切成薄片。另以胡桃肉数枚，入石臼打烂，与羊腰片拌匀，入锅炒炙，俟胡桃油渗透腰片，再加盐、酱油、绍兴酒、香料各适宜，烹至熟透，味极佳。

卷麻汤

麻菇及香蕈若干，在清水中浸透，洗去其面上之泥沙，并去香蕈之蒂，用手随意撕碎，略加盐花（其浸剩之汤滤去沙泥待用），再用新鲜豆腐衣切为小块，将麻菇、香蕈包入，卷成小筒形，至麻菇、香蕈包完为止，入锅中加猪油熬透，取出，即以原汤在他锅煮沸，加入麻菇小卷筒，及食盐少许，略煮即成。

炒松蕈

松蕈炒食，味极佳美，唯乡人出售之鲜蕈，恒混有野蕈、木蕈、湿地蕈、羊齿蕈等，均含毒质，食之有害。其辨别之法，凡蕈之呈鲜美色泽者；为柔软之黏质而多水分者；蕈中放出恶臭之气味者；有苦味、咸味、涩味、辛味者；断之有乳汁状液体流出者；截断一部晒于日光中，而变青绿色或褐色者；菌面于夜间放绿色之磷光者，皆有毒，不可食。反是凡生于松林之蕈，无以上之特征，则食之无害。

法先取鲜蕈洗极净，另用猪油入锅熬透，倾入鲜蕈，加食盐少许炒之，若加虾仁炒之更妙。如无鲜蕈，可用香蕈或冬菇浸透，如上法炒之亦佳。

霉菜烧肉

取车前子草数斤洗净，在盐水中煮烂，捞出晒干，切碎，在饭锅上蒸透，取出曝于日光中，再蒸再晒，乃入石灰瓮存贮，来年后取出，蒸晒数遍，以菜变黑色，面上有白霜为度。用时加水在饭锅上蒸软，与切成方块之猪肉同煮，另加盐、好酱油、冰糖屑等调和（冰糖屑须重用，少用味便不佳），俟煮至极烂，然后起锅。此肉最宜在夏日食之，因煮成后虽隔数日，其味不变。

荷叶包肉

荷叶味颇清香，昔人于荷叶中心穿一小孔，倾酒入内，于茎端用口吸饮，谓之碧桶杯，可谓千古韵事，若包肉同煮，味亦香美。

法取鲜荷叶数张，每张切成十余块，先将精肥参半之猪肉切为长方形，在酱油中浸二小时，再加炒米粉、食盐、好酱油拌匀，每荷叶一小张，包肉一块，外用细麻线缚紧，使不易散开，置大瓷盆中，在饭锅上蒸熟之。

蛋皮拌鸡丝

蛋与鸡肉均为含滋养料最多之物，常食极能补身，唯冷拌之物（如拌鸡丝、拌腰片、拌虾仁等），须自为料理，则清洁可恃，若一入厨子之手，或从市上购来，多不可靠，盖其手之洁净与否，已属可疑，而调理已毕之菜，恒随便置于桌上，不用纱罩遮盖，一经蝇类集于其间，微生物即由此侵入，食之者小则有腹痛吐泻之虞，大则有性命生死之关系。语曰"病从口入"，诚不刊之名论也，故善于卫生者，对于冷拌之食物，须极注意。本节所述蛋皮拌鸡丝，为极佳之食品，唯须自为调理。

法先将鸡蛋数枚打破，入黄白于一碗中，加食盐少许，用筷十分调匀，在锅上摊成蛋皮（锅中须先熬菜油或猪油少许，否则蛋皮与锅不易分开），取出切为寸许长之细丝，待用。

另以嫩鸡切块，煮烂候冷，用手撕碎成丝，拣去筋骨，与蛋丝同拌，拌时加入好酱油、麻油，倘用糟油或芥辣少许拌食，食味更自不同。

牛肉茶

牛肉茶非茶也，乃最上之牛肉汤耳，患营养缺乏而胃不消化者，常服最宜。其制法先购上等嫩牛肉数斤，此等牛肉须经西医验明非病牛。不用水洗，以快刀切为小片，再用剪刀剪细，去尽脂肪及筋络，入锅中加水浸二小时，再用文火煮三四小时，去肉及油珠，加盐少许入汤中，随意食之。此汤之能补益身体，以肉中所含胶质及蛋白质，大半入于汤中。将肉先浸于水中二小时者，即欲肉中胶质及蛋白质溶解于水中耳，若不知此理，先用武火煮透，肉中所含之物，即变为不溶解之物，食肉固甚佳，饮汤有何益乎？牛肉茶之可贵，不特因其味之美，实因汤中多含滋养料也。

鸡粥

鸡肉之能养身，详载于《本草》，几无人不知其功用，然病后或患胃弱者，颇以其不易消化为虑，倘能如法制成鸡粥，食之自无不宜。法先购童子鸡一只，专取精肉，在清洁之砧板上斩成细屑（砧板若不洁，易生积垢，微生物群附于上，夏秋时易发生传染病，极为危险，故砧板用过后，即须用刀刮净，用时再用清水冲洗），愈细愈佳。另用去油之鸡汤或火腿汤入锅中煮透，加入鸡屑及适宜之小粉、盐、火腿屑等，煮数沸即成。唯小粉勿多加，以形如稀粥为佳，若多加小粉，则一片糊涂，非特不能振起食欲，恐望之即生憎厌之心矣。

花生豆腐

鸡卵、牛乳等，食之可以益人，以其多含蛋白质耳，不知动物蛋白质中，虽多滋养之料，然使检查不精，动物蛋白质中时含有传染病毒之微生物，一入人体，即酿成大害。故据最近医学家、卫生家之研究，知植物蛋白质，实优胜于动物蛋白质，植物中以黄豆为含蛋白质最多，黄豆制成之物，以豆腐为最有益卫生。盖豆腐者，其制造经化学之变化，含滋养料固多，而又极易消化者也。至花生豆腐，其名甚奇，制造则甚易，即用剥净花生肉八成，加黄豆二成混和，照寻常制豆腐法制之（自制不甚便，可托豆腐店制之，唯用料须略多耳），制成后洁白细腻，味较寻常豆腐高出数倍，或随意烹调，或制成腐干，均极可口。流俗以花生肉夹入豆腐干食之，谓之素火腿，其实味既不如花生豆腐，而在胃中消化，亦不容易，以彼例此，其价值有霄壤之别也。或以杏仁去衣，如上法制成杏仁豆腐，亦佳。

冬瓜鸡

以冬瓜去皮切长方块，加入火腿、鸡肉等同煨，此法人人知之，余亦何必载入《新烹饪》中？顾余之所谓冬瓜鸡者，与是大异。

法先以冬瓜一枚（须择其瓜形较圆者，太长则不易入锅），不去皮，于近顶处切去一片为盖，将瓜子等挖净，另用嫩鸡一只，去羽毛、肠胃，洗极净，腹中塞入笋尖、香蕈、火腿等，乃放入冬瓜，加水、酒、盐等（宜淡不宜咸），盖上瓜盖，以细竹签遍插瓜盖之四围，务使瓜盖与瓜紧合，不易漏气。即将瓜正置于锅中，加水略与瓜盖相齐，煮三四小时，取出，以大碗盛之，去瓜不用，其味之香美，有非言语所能形容者。盖鸡肉中本含有一种特别之香味，以常法煮之不觉香美者，因于煮时其香味变为挥发油，飞散于空中耳。此法，鸡既密封于冬瓜中，肉中挥发油自然飞散较少，故香味独佳。

假莴苣

生莴苣去皮、叶切碎，用麻酱油拌食之，风味甚佳，然初春不易得也，若用薹菜心之茎代之，味亦相仿，是名假莴苣。

法以薹菜心之嫩茎，加盐微腌，约经一二日取出，撕去外皮，切成滚刀块，用麻酱油拌食，可以醒胃。

蜜桃羹

蜜桃之味最鲜洁，以之作羹尤为可口。

法用蜜桃之较大而少蛀孔者，去外皮及核，切片待用，另以水入清洁之锅中煮沸（锅中切不可有油腻气，否则即不佳），加入糖及小粉，同时以蜜桃片倾入，用筷调和，待再沸即成。

炒黄菜

炒黄菜非蔬菜也，乃以鸡蛋四五枚，去壳入碗中调和，熬锅至热，加熟猪油二三调羹熬透，将碗中鸡蛋倾入锅中，用铲刀不住手炒之，待蛋渐凝，立刻起锅。按：此种炒蛋，颇合于学理，盖蛋之为物中含蛋白质颇多，煮之太熟，其蛋白质凝结，为胃液所不易消化，蛋中滋养料虽富，仍从排泄器排泄出外，于身体毫无补益。至炒黄菜则味既佳美，入胃易化，与寻常炒蛋，其价值迥不相同。然则煮物之火候，实与卫生、生理等学有密切之关系，吾人岂可不研究之哉？

假蟹粉

蟹味甚佳，惜不易消化，老者、小儿、病人等，均宜戒食之，至菜馆中之炒蟹粉，则尤不可恃，盖蟹以蒸熟后自剥、自食为宜，若一经他人剥过，手之能否清洁，其不可恃者一；剥后未能即卖，时日过久，微生物容易混入，其不可恃者二。

据最近医学家之报告，吾国人于秋冬之际，患伤寒热症者，半为误食陈宿之炒蟹粉等所酿成，此不可不注意者也。至假蟹粉既无此弊，而又随时可制。

法用熟青鱼肉去皮骨，拆碎，加入咸鸭蛋黄一二枚（随意碎为小块），照平常炒蟹粉法炒之，用姜末及醋醮食，其味几与真蟹无别。

赛鸡片

肉片之炒法，普通家庭所烹调者终不得其宜，盖以炒时太久，火候太小，以至肉中蛋白质凝为固体，遂成肉渣耳。赛鸡片之法反是，以新鲜猪肉切为薄片，加鸡蛋清一枚与之调和，另用冬笋片或荠菜等作为附属品。先于锅中将熟猪油熬热，加入附属品炒之，末后倾入肉片及盐、糖、小粉水等，斯时火候须大，待肉片变白色，即可起锅，再久则蛋白质凝结，而肉片遂变硬矣。

鸡肾汤

购鸡肾十余枚（可向鸡鸭店购之）洗净，另用鸡汤或火腿汤煮沸，加入笋片、火腿片及鸡肾，煮数滚食之，味极佳。

鸭舌汤

鸭舌亦可向鸡鸭店定购，每次约用二三十枚，可置于碗内，用滚水泡之，少时取出，抽去舌根之骨，及舌上外皮，再用食盐摩擦，洗极净，务使毫无腥气为止，乃照上鸡肾汤法，用鸡汤或火腿汤煮沸，投入鸭舌煮数滚即成。

拌黄花

用煮熟之蛋黄三四枚，随意压碎，加入火腿丁、鸡丁、麻菇丁、笋丁、姜末、食盐等拌食之。

醉蚶子

蚶子之肉中，由化学上分析，除多含蛋白质外，尚含磷之化合物少许，故少食能补脑，多食则不易消化耳。普通食蚶子法，多以滚水泡熟，乃去壳，用酱麻油拌之。至蚶子醉食，味更鲜美。

法用蚶子二斤，洗净外壳泥土，以大碗盛之，再用乳腐一块研烂，福珍酒一饭碗，酱油一茶杯，三味调和，同倾入大碗中，时时翻动，隔三四日蚶子即醉透，乃去壳食之。

三丝汤

切鸡丝、火腿丝、麻菇丝（麻菇须在水中浸透，然后切之，鸡丝、火腿丝不可顺其肉之纹路竖切，须逆其纹路横切成薄片，乃再切成细丝，盖肉之切法，与卫生亦有关系，顺肉之纹路竖切，不易咀嚼，亦不易消化，逆肉之纹路横切，既易咀嚼，又易消化也）各半茶杯许，加火腿汤、麻菇汤、鸡汤共二大碗，食盐少许，煮数沸即停火，味极佳。

五香野鸭

购野鸭一二只，去其羽毛及肠胃，洗极净，腹中实以五香、甜酱、酱油、绍兴酒等，用线缝没其腹上之隙，外用豆腐衣包好，使其香味不致外泄。乃在锅上隔水蒸之，蒸熟后，取肉去骨，再用五香、甜酱、酱油、鸡汤、绍兴酒等同煮。须用文火，戒用烈火，煮至汁将干时为度。

鲃肺汤

各种鱼类，体中无肺，均用鳃呼吸，唯鲃鱼有肺，可见其生理上与他鱼不同也。调理之法，去鱼肉另用，专取鱼肺洗净，加葱椒酒少许，入去油之火腿汤、鸡汤煮沸之，有加以麻菇片、玉兰片者亦可。

黄鱼羹

黄鱼一名石首鱼，脑有白石二枚，莹洁如玉，腹有白鳔，即为鱼胶，《本草纲目》李时珍谓此鱼至秋日则能化为野鸭云云，昔人未曾研究物理学，全凭虚想，故有此等议论，今则不值识者一笑矣。唯此鱼骨少肉多，肉中滋养料丰富，以供食品极为合宜。黄鱼羹之煮法，将鱼鳞刮去，兼去肠胃，洗净，切为数段，加料酒在饭锅上蒸熟，用手随意拆碎，取肉去骨，加水及葱花、姜末同煮，沸透后再加好酱油、镇江醋及小粉少许调和之。

醋溜黄鱼

先将锅烧热，倾入菜油一酒杯，熬至锅中油沸透时放入黄鱼（或整个或切大块均可，唯须去净其鱼鳞及胃肠耳），煎至贴锅之鱼皮成深黄色，乃加菜油一酒杯，翻转一面再煎之，俟鱼煎透，倾入葱、酒、蒜头、盐、糖、酱油、醋及水少许，再煮数滚。

清炖黄鱼肚

干黄鱼肚，各南货店中均有出售。法先购黄鱼肚数两，在水中浸软，略切成长方形，入鸡汤或火腿汤中，加笋片或火腿片炖之。

假鱼肚

取风干之肉皮在水中浸软，滤去水点，入油锅炸透，取出切成长方形，加火腿片、笋片、肉圆，入鸡汤或火腿汤中煨烂之。

乳腐烧豆腐

豆腐之功用，于前述花生豆腐节，已略述之，至其化学之成分，每百分中约含水 88.79，蛋白质 6.55，无窒素有机物 10.5，木材质 0.02，矿物质 0.64，因其木材质为特少，故所得营养之价值，极适于食品。本节所述乳腐烧豆腐之法，颇合于消化原理。法先用酱乳腐一块，乳腐汤半杯，一同研烂待用，另以豆腐四五块切碎入锅中，加油一杯熬透，徐倾入乳腐、酱油、盐、糖及水少许，略煮片刻即成。

炒鸭舌

鸭舌数十条，沸水泡洗，去其外皮及舌根之脆骨，再用盐摩擦，换水数次洗极净。锅中熬猪油少许，待熬透，倾入鸭舌及香蕈、笋片、麻油、甜酒、盐等同炒之。

香黄芽菜

购黄芽菜约十斤，不拆散洗净，在空气流通处存放一天，以阴干为度，再用炒盐三两半、小茴香约十文，共入石臼研细，以小缸一口洗净抹干，缸底铺菜一层，撒研细之盐一层，再铺再撒，以盐用尽为度。铺毕，缸口用干荷叶一张遮盖，上压石块，隔七日启视，则清香扑鼻，而香黄芽菜成矣。

桂花栗子

取新鲜栗子煨烂，即于其沸滚之汤中，加藕粉少许调和之，另加白糖、桂花适宜（桂花无鲜者，可取来年用盐腌透之桂花代之），用作点心极佳。

洋鲍鱼汤

洋鲍鱼汤系大餐馆中常备之品，调制甚易。法取罐藏鲍鱼（即罐头食物，每罐价约四角），切薄片，连汤加盐少许煮沸，即可起锅。此物系东洋舶来品，余昔日虽颇嗜之，然自民国四年五月九号起，未尝一次购食，若甚嫌是物之污秽，不足供饮食者，可见人之嗜好，未有不可戒者焉。

炒鸡冠

鸡冠非美味，人尽知之，然烹调得宜，殊有出人意外者。法取雄鸡冠数枚切片，洗极净，盛于绢袋中，置糟中隔一夜取出，用麻油、甜酒、笋片、香蕈、麻菇，加盐少许同炒之。

拌豆芽菜

取豆芽菜略切去两端之根叶，入沸水中略煮取出，加麻油、糟油、姜末、醋、酱油，拌食之，其味清鲜异常。

芥辣拌青菜

青菜之为物，常食能辅助消化，通利大便，其效用甚大，唯洗涤之法，极宜注意，盖菜圃中恒浇灌尿粪，以为肥料，以致菜之内层叶间，恒含污秽及蛔虫等所产之卵，若洗涤不洁，烹煮不熟，误食污秽之害，倘小虫卵入腹，立时生长发育，以人之肠胃为殖民地，吸收养液，而人受其侵害，渐成疾病，甚至有不治者。故洗涤青菜，须每瓣撕下，用刷子在叶背叶面，注意洗刷，换水数次，然后可用也。芥辣拌青菜之法，先将青菜洗涤极净，在沸水中略煮取出，加入麻油、酱油、醋、糖一同拌和，再用芥辣蘸食之。

醉蛏子

将蛏子连壳入大碗中，用沸水泡之，俟其壳略开，即剥去其壳，用手指将肉略挤，以去其腹中污秽，剥完后，再用沸水泡洗，取出，加好酒及姜末、酱油、麻油，拌食之。

炒蛏子

如上法剥去蛏子之壳洗净，以葱椒酒喷之，另用猪油起锅，入笋片、麻菇、香蕈同炒，俟熟透，乃倾入蛏子及盐、酒等，略炒即可停火。

川冬菜肉片汤

川冬菜以色黑如墨而有香味者为佳，切碎入沸水煮透，再加肉片、酱油略煮，以肉片嫩而不老为上。

冬菰粥

以冬菰洗净，俟粥煮烂时，加入同煮，并入盐少许，颇香美适口。广东宵夜馆中亦有冬菰粥，则粥与冬菰分煮，至食时加入，其味较逊。其余尚有鸭粥、叉烧粥、鱼生粥等，宵夜馆中颇优为之。

豆豉烧肉片

购江西黑豆豉二两（售川冬菜店，兼售此品），用沸水一茶杯浸二点钟，购瘦猪肉半斤，切片，锅中加菜油一酒杯熬透，倾入肉片炒之，徐加豆豉及浸出之水、酱油、白糖等适宜，盖上锅盖，煮至豆豉烂透为度。豆豉中之鲜味，已渗入肉片，味甚佳美。

泼芥

取芥菜一二斤，洗刷极净，换冷开水再洗数次，切小块盛于钵中，熬菜油一碗，俟其极热时，泼于芥菜之面上，钵口用物盖紧，使不泄气，隔二三小时去盖，入盐、糖、酱油，及重用酸醋拌和，即可取食。菜味清脆异常，少食能增进食欲，多食则颇不宜耳。

芥菜汤

专取芥菜叶中段之硬柄，撕去两旁及上端软叶另食，将硬柄切成长方小块，入鸡汤及火腿汤中煮之，色如绿玉，鲜洁异常，食者几不知其为芥菜制成也。

青鱼尾汤

购大青鱼尾洗净，入锅加水煮沸取出，顺其尾骨之纹理，劈作细丝，再将尾骨一一抽去，只剩尾间之腻肉，入去油之净鸡汤中，另加笋丝、香蕈丝、麻菇丝及食盐少许，煮沸成汤，以之供客，洵为上品。若加少许之胡椒末或酸醋等亦佳。

拌虾仁

鲜虾入沸水中略煮取出，取仁去壳，加酱油、麻油、陈海蜇拌食之，或加嫩姜丝、藕丝及酸醋拌食均佳。

海参羹

置海参于水中浸二三日，取出在锅中煮沸，用刀破开，洗去腹中污秽，再用清水浸一日一夜，入锅中煮沸一次，取出洗净，切成海参丁，加笋丁、麻菇丁，同入鸡汤中煨透之。

虾子海参

将海参如上法浸洗，去净腹中污秽不切碎，煨极烂，另用猪油起锅，倾入海参、虾子，及糖、盐、酱油、蒸粉水等煮透之。

拌海参丝

如上法用煨烂之海参切丝，加鸡丝、火腿丝、香蕈丝，及鸡汁、酱麻油同拌之甚佳，喜食辛辣者，可加芥辣少许。

蒸鲥鱼

鲥鱼银鳞细骨，大者约长三尺许，腹下有三角硬鳞如甲，鱼颇自珍惜，故渔人以网捕取，一丝罣鳞，即不复动，其鳞与他鱼略异，若用石灰水及碱水浸洗阴干，染成各色，以胶水黏住，使其层层叠起，可作像生花，颇雅观。此鱼最宜蒸食。先将鱼去肠胃，切成大段洗净，洗时不可去其鳞甲，乃用猪油切成小块，及笋片、香蕈片、姜片、细葱、酒、酱油等同蒸之。

鲫舌羹

向卖鱼人专购鲫鱼舌数十枚（可向相熟之卖鱼人购之，不相熟者不肯出售），用盐洗擦极净，沃以葱椒酒，加清水煮为汤，略掺细葱一撮，姜末、食盐少许，颇清鲜可口。唯此等食品，与病人食之，能引起食欲，使其心胸快乐，极为有益，若常人食之，以此为嗜好之品，则未免太奢矣。

原载《妇女杂志》1915 年第 1 卷第 7 期

中馈谈

丁逢甲

　　粤自妇学之名，见诸天官内职，酒食是议，咏于《小雅》一编，《书》曰"盐梅"，《诗》称"边豆"，《乡党》言"饮食"，《周易》篆鼎烹，大而祭祖享神，小而宴宾奉长，胥仰助乎中馈，应详叙其事功。且夫不速客来，杀鸡为黍，相逢话旧，剪韭称觞，烹羊炰羔，征岁时之风味，洁羞馨膳，表孝养之心情。奢则为骆宾王之爨玉炊金，俭则为范文正之断齑画粥，丰则为何曾之日费万钱而艰下箸，约则为王维之家无兼味而愧盘殽。自来井臼亲操，久垂《女训》，是以羹汤有作宜问小姑，观于郗缺之妻当午而馌，苏轼妇有酒可谋，举案齐眉孟光之进食，留宾截发陶母之供肴，文正家书频责司餐于闺媛，辟疆忆语不忘治食之姬人，京都厨娘能调盛馔，芜湖老媪善治刀鱼，程泽弓家制蛏干，尹文端艳传风肉，曾公以荤汤炖菜下谕儿曹，宋氏以豆腐作羹上贡殿陛。

　　沽酒市脯，宣圣所鄙夷；调鼎成羹，闺帏之天职。用是熟审家食，详询闺人，缀为小编。普告坤界所载者，都琐屑家常之品，所尚者半咄嗟立办之肴，应用是期，聊充杂志之资料，范围较狭，敢追随园之食单。

　　曰饘曰粥，载释载蒸，饮食之正，失饪是惩，作粒食类第一。

一杯忘世，七碗生风，合欢解渴，二者之功，作饮料类
第二。

天生鱼鸟，岂曰为人，弱肉强食，味乃津津，作荤馔类
第三。

苜蓿一盘，物淡神清，既以节欲，并利卫生，作素菜类
第四。

时过性变，质腐虫生，傅之以盐，久而益馨，作腌货类
第五。

梁氏昭明，名创点心，佐以糖制，得趣弥深，作小食类
第六。

例言

一，本书命名《中馈》，专指妇女调制之品，此外经名
厨之手而成者，虽珍馐美品，概不羼入，以符名义。

二，此编注重普通家常食品，凡豪贵侈靡供奉，如燕窝
海参之类，居民鲜有各物，如牛鹿獐狸之类，或力所不及，
或物非习见者，并付阙如。

三，法务求美，品不厌多。凡家厨所能，及习用之品，

自荤素肴馔，以至糕饵糖果之属，无不分类详述，宁滥无遗，以资率由。

四，社会日趋于奢侈，崇俭尚朴，当自家庭实行始，本编于品贱价廉、简便适口之食物，一一记录其调治之方，以供采用，读者勿以浅易而忽之。

五，食性各别，制法亦殊，南北异宜，尤难一致，是编所载，以适于南方者为度，施诸北方，未必合辙，后当博闻强识，编为续集以饷女界。

中馈十宜

一，物质宜纯良。凡物之质性，务求纯良。易牙虽善烹，使以不良之物授之，亦阏于鼻而蜇于口。大抵猪以薄皮为上；鸡以嫩骟为佳；鲫鱼尚扁身白肚；虾类尚白壳水晶；鳗不贵江生的而贵湖生的，取其骨节不槎枒也；鸭不贵江北的而贵江南的，取其喂谷而膘肥也。笋壅土则节寡味鲜，菜经霜则叶腴品美。同一火腿而有优劣之分，同一鲜鲈而有上下之别。随举一二，余可类推。物质之择，不可不慎。

二，洗刷宜地道。物不经洗刷，则渣滓未去，何来清光？糟粕未除，安有精华？《内则》曰，"鱼去乙，鳖去丑"，洗刷之谓也。谚曰，"若要鱼好吃，洗得白筋出"，洗刷之谓也。燕窝之毛，海参之泥，鱼翅之沙，鹿筋之臊，皆在当去之列，虽非常用品，亦不可不知。而鱼之胆，鳗之涎，韭之叶，菜之边，肉之筋瓣，鸭之肾臊，尤朵颐者所大忌，不剔之削之净尽无遗，则腥苦滓秽，不可下咽矣。

三，作料宜精美。治馔者之于作料，如酱，如油，如醋，如葱、椒、姜、桂、糖、盐诸品，物必求佳，货必求真。盖酱判清浓，油别荤素，酒异酸甜，醋殊陈新，其他葱、姜、桂、糖，亦各有上下床之分。就我所见周庄吴公之白元酱油，莘塔发茂之菜油，板浦浦口之醋，各处之杜绍均为上品。善烹调者，酱求甘美，油求香润，酒求和厚，醋求清冽。同一肴馔而或适口或不适口，往往判若霄壤，则作料为之也。

四，选用宜适当。选用之法，小炒肉宜精肥参半，肥用短肋，精用臀尖；做肉圆宜精多肥少而用后臀；煮块肉宜用硬短肋；做鱼松宜用鲤鱼；鸡宜用雌者才嫩；鸭宜用雄者才肥；莼菜宜用头；野菜宜用根；海菜宜用叶；马兰头宜用心；皆一定之理。外如鸡宜取其翅，羊宜取其尾，鱼宜取其脑，鳖宜取其裙，鸽宜取其卵，豕宜取其筋，俱可类推。吾谓兽类之中，猪肉之味最腴；鱼类之中，青鱼之味最佳；禽类之中，肥鸡之味最鲜；菜类之中，雪里蕻之味最美。凡此数者，嗜之者多，得之亦易，用途既广而价不甚贵，家常晏客敬长，至为适宜，不可不知。而客来仓促，便于取求。如糟鱼、风腿、盐蛋等，亦当预制备用也。

五，滋味宜调剂。食品不一，制法各殊，因物变通，功资调剂。或酒水互用；或盐酱兼施；或欲其清专用水；或恶其腥专用酒；或防过咸专用酱；或尚白烧专用盐；或物太腻而先炙以油；或气太腥而先喷以醋；或冰糖以取鲜；或姜片以去寒；或葱屑以达香；或椒末以沁神；或煎之炒之，利在燥脆，使滋味浸淫于内；或泡之疏之，利在汤多，使滋味散溢于外。相物而施，各各不同，颠倒杂投，不可向迩矣。

六，火候宜恰好。司厨之人，知火候而谨伺之，则物皆适口。火候有文火、武火之不同。煎炒为武火，煨煮为文火。有以干燥为贵者，利用武火；有以酥烂为贵者，利用文火。当武而文，则火弱物疲，而不干不燥矣；当文而武，则火猛物枯，而不酥不烂矣。猪腰、鸡蛋、虾仁之属，少煮则嫩；海蚶、河蛤、鲜鱼之属，略煮即老。收汤之物，煮之者不可性急，致皮焦而里不熟。鱼肉起锅过迟，则色变味异，鱼临食时，当白如玉而肉胶黏，迟则白如粉而肉涣散；肉临食时，当红如琥珀，迟则黑如枯炭，皆火候不恰好之弊也。

七，宾主宜配搭。物必有宾有主，各从其类，互相配搭，方有和合之妙。一馔之成，必待辅佐。善烹调者，就清腴浓淡刚柔黏脆之性味，配搭得当，始显真味。彼于燕窝中搀蟹粉，猪肉内和百合，不伦不类，自夸新奇者，其悖配搭之义亦甚矣。夫物各有性，例如蘑菇、香蕈、鲜笋、冬瓜、萝卜、黄芽菜等，此可以荤亦可以素者也；如葱、韭、蒜、茴香等，此可以荤不可以素者也；如芹菜、百合、刀豆，此可以素不可以荤者也。亦有因交互而见功用者，或物太肥腻而节宣之，如炒荤菜用素油是也；或物太清淡而滋润之，如炒素菜用荤油是也，配搭得其法，味美于回矣。

八，独用宜专一。味之过浓重者，力量甚巨，流弊亦不少，善治菜者全神贯注，用五味以调和之，始可取其长而祛其弊，故只宜独食而不可加以配搭，参以辅佐，逐枝节而反荒本题。食品中如鳗、如鳖、如蟹、如鲥鱼、如牛羊等，皆宜独用者也。袁子才谓"金陵人好以海参配甲鱼，鱼翅配蟹粉，我见辄攒眉。觉甲鱼蟹粉之味，海参鱼翅分之而不足，海参鱼翅之弊，甲鱼蟹粉染之而有余"，可为知言。

九，器具宜整洁。器具不必求精美，而要须整洁。何谓整洁？宜碟者碟，宜碗者碗，既用必洗，既洗必覆，位置井井，秩然不紊，厨无污垢，盘无余滓。而当烹饪之时，若刀若臼若布若板，并宜既整且洁，不可丝毫苟且。一刀也，切菜者忽而切韭；一臼也，捣粉者忽而捣椒；一布也，揩灶者忽而揩碗；一板也，置鱼者忽而置肉，于是所谓刀腥气、臼杵气、抹布气、砧板气者，乃杂投而并至。余如灶间之蝇蚁，锅上之灰烟，一入菜中，肴馔虽佳，辄令人作十日恶。欲救其失，在多磨刀，多换布，多刮板，多洗手，多拭灶前与锅旁，此整洁之道也。

十，时节宜斟酌。物有其时，各随所宜。正当之馐，冬宜肥鱼大肉，夏宜风鲤干腊。辅佐之品，冬宜胡椒辣酱，夏宜淡盐芥末。伏日得腌菜，则奉为美品；秋日得青笋，则视若珍肴。食鲥鱼而在二月，则以先时见好；食芋芳而在四月，则以后时见贵；食萝卜恶其心空，食山笋恶其味苦，食刀鲚恶其骨硬，以过时而见嫌疾，物候可不讲乎。

中馈十忌

一忌走油失味。浓肥之物，制胜在油，但油须包存于肉内，而不可走失于汤中，油一走则味亦随之以去，而直同嚼蜡矣。走油之原因，一多开锅盖，再三看视；二火过猛急，水涸复加；三火势中止，而复续举；四食之未尽，既蒸又炖。此数者，烹调之大忌也。

二忌用芡不当。所谓芡者，有媒介之义，切肉作圆，以芡合之；调羹欲腻，以芡拌之；煎炒防焦老，以芡保持之。芡之为用大矣，若施之失当，不需芡而亦放芡，则黏缠不清，连片成块，如落糊涂面，岂不可笑。

三忌熬脂外浇。猪油之为物，性极肥腻，以之为煮菜煮腐等滋润品，效用颇大。然熬脂外浇，则不可也。今人每有预熬猪油，于进馔之际，逐碗分浇，不浸淫之于内而涂附之于外，虽较肥腻，实由强致，果何取乎？甚有至清之味而亦加入此油，此犹二三雅人，啜茗谈心，忽有不速之俗客，闯门而入，酒肉之气，熏蒸欲呕矣。

四忌偏一自是。治羹之法，过腴过清，过咸过淡，过老过嫩，均不可也，盖味贵浓厚，不贵油腻，徒尚油腻，则失之过腴矣；味贵清鲜，不贵淡薄，徒尚淡薄，则失之过清矣。咸淡老嫩例亦准此，偏一之害，误于自是。必咸淡得中，老嫩如式，厚薄合宜，乃为名手。不得已而行补救，与腴宁清，与咸宁淡，与老宁嫩，因清与淡与嫩，可加油加盐加火以补救之，而腴且咸且老，则不能使之再清再淡再嫩也。

五忌混浊不纯。治菜之际，物料之善加与否，水火之适合与否，酸咸之得当与否，于肴馔之色味，至有关系。偶不审慎，则汤如浑水，卤如染汁，色则黑白不分，味则清腻两失，食之者辄不可耐，虽有善辨味之舌，一遇此等肴馔，亦有隔皮隔膜之嫌，可不戒哉。

六忌务名贪多。务名即袁枚所谓"耳食"，嫌其尚贵物而味不讲究也；贪多即袁枚所谓"目餐"，嫌其侈馔具而治不精美也。夫饮食之道，得味则菜羹豆汤，自饶佳趣；不得味则山珍海错，亦难下咽。善治则五簋四碟，敬客有余；不善治则叠碗重盘，适口不足。彼但夸体面，而不美不洁者，非计也。

七忌同锅共熟。物各有味，不可混同，今人鸡鸭猪蹄，往往同锅共熟，汤既无别，味亦不分，此大忌也。吾谓馆菜之失，在异物而同烹，不能使一物各献一性，各见一味，若家厨之肴，而亦一汤同滚，则与市脯何异乎？

八忌多肴齐上。平居一日三餐，肴具简单，礼节疏略，自当将所食各品，通行齐上，势不能起锅即食，逐渐尝试。若有客之时，则味取新鲜，一盘一碗，随熟随吃，较有滋味。不可稍事停顿，使过于性急，举全桌肴馔预先办齐，置蒸笼中，食时一并搬出，陈设满席，此如已受霉之衣服，虽绸缎绫罗，亦晦闷而旧气可憎，尚何佳味之有。

九忌进馔紊序。进馔之法，有一定次序，不可紊乱。今人上菜，汤炒既毕，乃进大菜，所谓整鸭、火方、蹄子等，始相继而上。质言之，则先淡后咸，先薄后厚，先有汤后无汤，与袁氏食单上菜须知条所列，适相反背，其颠倒亦甚矣，循是而行，犹之主人靳以正菜饷客，先举淡且薄且有汤者以饱之，而反乎此者之正菜，则但为形式上之陈列。主人虽无此意，而以进馔失序之故，几犯此嫌疑，盍亦翻然变计乎。

十忌夹菜强让。夹菜强让，世俗以为敬客，吾则以为慢客。何也？治具宴宾，主人之礼也，每上一肴，主人让客先举箸，亦礼也。自此以后，便当随客所好，听其举箸，而不可蹈夹菜强让之陋习。盖强让之馔，未必客欲食之馔，而以东道主之殷殷堆置其前，又难全行拒绝，必稍稍应酬，强不欲食者使之食，而口腹之道苦矣，表意不足，生厌有余。近者社会日趋简便，此风渐息，而女界则尚十之六七，难免此弊。客非童稚，又非无手无眼，何弗听从其便，大家饱啖之为得耶？

粒食类一

饭百味之本，厥惟粒食，大别有二，曰白米饭（有糯米饭、粳米饭之分，糯米饭只用之于重阳日，余不概见，故兹所述皆粳米饭），曰冬米饭。煮饭之法，倾米于箩，向水淘之，频以手摩擦，使水自箩孔淋出，更漂之使净，以全成清水，无复米色为度。淘毕，倾米釜中，相米之多寡，为水之加减，大抵冬米饭涨性足，每升用水约三大碗（普通用之大碗）；白米饭涨性不足，每升用水约两大碗半。善煮白米饭者，先将水煮滚，然后下白米再煮，较为软润适口，煮冬米饭则不必如此。要之，无论何米，水头轻重，不唯视米量之多少，并视米力之伸缩，有所判别。煮时，先用武火，后用文火，燥湿得宜，颗粒分明，自成佳饭。头滚后，焖十分钟回火，再焖十分钟，然后起锅。

豆饭

用青蚕豆去其荚壳，与米一齐入锅，撒盐少许，煮法与寻常之饭略同。如豆已老，则先将豆和水煮滚，而后倾米再煮。或并剥去豆粒之壳而全用豆肉以煮饭，曰豆仁饭。大约每米一升需豆七八合，纯用粳米，不如和糯米二分之一较柔软而有味。此外用嫩菱之肉煮饭者，曰菱肉饭；用新栗肉煮饭者，曰栗子饭；以及豌豆饭、芋奶饭等，其煮法并同豆饭。

菜饭

菜饭用白粳米（略和糯米亦可），水量略同普通白米饭。未煮之前，注油于热锅，然后下少量之食盐，与切细之青菜，炽火略焙，再用文武二火，焖起得宜，则味必可口。通常多用素油，然不如用荤油，较为腴美。亦有用家乡肉煮者，曰肉菜饭，味亦肥厚。

粥

煮粥之法，与饭略同，唯水头则酌加一倍以外，每升应用水八大碗左右，冬米粥煮两滚已足。如原料系熟饭，只须一滚略焖，俗名"饭泡粥"，色黄而香，别有风味。白米粥（包糯米粳米而言）则须三四滚，并多焖以求其腻。唯黏性不同，故籼米需水少，晚稻米需水多。随园有言，"见水不见米非粥也，见米不见水非粥也，必使水米融洽，柔腻如一而后谓之粥"，此真知言。解此而所谓绿豆粥、鸡豆粥、莲心粥、白扁豆粥，无论或煮或煨，均可类推而得矣。

菜粥

倾白米于釜中，将已切细之青菜及盐油，相继递入，加盖煮滚，略焖，再煮一二滚，以腻而不黏为度。亦有先煮菜而后下米再煮者。

饮料类二

茶

常饮之茶，不必求美；而敬长奉客，不可无好茶，以供啜饮。

欲吃好茶，第一须藏好水。纵不能得中泠、惠泉之水，而天泉水、雪水，或滤净之河水，则必须预备。

第二须储好茶。选择于龙井、雨前二者之间，而善为收存，不使出气，致变色变味。法宜裹之以纸，燥之以石灰，间时换易，以免泄气。

第三须讲烹法。烹茶之法，宜用武火，盛水之器，以瓦为妙，俗称"穿心罐"，随滚随泡，随泡随饮，则色趣俱佳，不致因停顿而水变叶浮，失其真味。至点缀各物，如玫瑰花、如青橄榄、如代代花皆可，吾谓三者之中，以青橄榄为最善，性清而涩，味美于回。次为玫瑰花、代代花，色香隽永不足，浓郁有余。大抵红茶宜用玫瑰花，绿茶宜用青橄榄，亦有用姜片点茶者，多在夏日，辛辣之品，与茶抵触，茶之香味，将尽为所攘，而有喧宾夺主之势，非所宜也。

酒

欲言酒，须先言酿酒之法。酿酒率用酒工，非妇女之力所能集事，然方法则不可不知，以防作弊而资经验。其法用腊月水浸白糯米六七日，以色泽明润为度，然后出水淘清，放蒸桶中。桶之大者，约盛米三斗左右，小者约盛米二斗左右。以武火煮之，热度由下而上，热至何处，则熟至何处，屡以手试桶侧，苟已热至最上层，则去全熟之时不远，乃加盖其上，俟热气向上直冲，则全功告竣，而粢饭以成。继将粢饭置缸中，以水浸之，并加花椒、茴香、陈曲、橘皮等而后关盖，四周用稻柴草荐等护之，阅四五日开看，验其温度是否适宜，盖太热则酸，太冷则冻浆，并酿酒之大忌。太热宜略开，太冷宜紧闭，而当开闭之时，切须徐缓而勿急遽，以免出气及伤风等弊。

欲吃生甘酒，即在下缸四五日后其酒色淡味甜，酌而饮之，颇快人意。至立夏左右，榨酒煎酒，同时并作。榨用榨床，煎用大锅，均雇酒工为之。煎后入甏封好而酒以成。每糯米一石，水头重者十二桶，可酿酒三百斤而弱；水头轻者十一桶，可酿酒二百五十斤而强，此通例也。

酒之为物，愈陈愈好。初开坛者味尤胜，唯家酿之酒，略含咸性，炖时宜稍和清水，解其盐味，炖法亦宜考究，偶一不慎，非失之太凉，即失之太老，皆非适可。诚能隔水炖以免近火变味，塞壶口以免出气受损，则于炖酒之道，思过半矣。烧酒性烈，不须火炖，以冷饮为宜。冬日严寒，可略炖以取暖。然猛烈之气，刺人鼻观，其性倍蓰红酒，断不可多饮也。

荤馔类三

袁氏荤菜分七类，兹则总括之曰荤馔，而各以类从，于不分之中，仍略寓区别之意，以便阅者。

猪头

将猪头洗净，剖而为二，用好酒一斤，加白水煮之，水宜过于猪头，数滚后，放酱油、盐各二两，葱十余根，茴香二钱，猛烧之后，继之以焖，更迭数次，至汤腻肉烂为度，并时尝咸淡，以免过度与不及。煮毕起锅，去骨切食。

鲜蹄

鲜蹄煮法有二，曰白蹄，曰红蹄。煮红蹄时，用酱油、冰糖，而白蹄无之。食白蹄时，用葱、椒、麻酱油，而红蹄亦无之。其他作料，如酒如盐则并同。约四五小时煮好，以筷扦肉，试其烂熟与否，而后起锅。火候须文武并用，硬柴最宜。

走油蹄

猪蹄加水及盐，煮一滚，入沸油中炸之，以皮皱色黄为度，再加盐、酒、酱油煮之，名曰"走油蹄"。其皮不油而松，颇为适口。

神仙蹄

煮猪蹄不用水，纯用酒与酱油在炭火上焖熟，起锅前加白糖少许，曰"神仙蹄"。

火蹄

寻常煮火蹄法，用清水及盐酒，与煮白蹄略同，其特别者，上法外，加用蜜或重冰糖，久焖，使甜质浸淫肉内，以烂熟为度，号蜜炙火蹄，味尤佳美。有为火蹄附属品，切大方块，而性味同煮法同者，号蜜炙火方。

熟食摊上的各式卤味，1940年

咸蹄

咸蹄不易腐败，宜于夏令。中人之家，伏暑有事需用，既较鲜蹄耐久，又非如风蹄等之须预备，虽滋味较逊，选择得当，固自适口。煮法略同白蹄，唯不必用盐酱耳。

方肉

吴俗宴会，以猪蹄为主菜，而次席（所以待下宾者）则以方肉为主菜，通用者有酱、鲜二种。其煮法无异蹄子，且宜同锅熟，谚所谓"大镬肉，味最足者"是也。

大锅卤猪肝猪肠，1940年

四喜肉

四喜肉一名红肉，切肉成方形煮之，无辅佐品，重用酱油及酒与糖，色红如琥珀，割肉虽方，火候既至，则不见锋棱，入口而化矣。

红焖肉

将肉切小长方块，用白水煮滚，撇去其汤面之麻，加酒、酱油，起锅前，多加冰糖。煮法先武火，数滚之后，乃用文火，久焖使烂，则沉浸浓郁，耐人寻味。谚云，"千烧不如一焖"，又曰，"紧火粥，慢火肉"，洵知言也。

白煮肉

煮法略如红焖肉，特不用酱油及糖而专用盐，汤色白，味宜略淡，鲜笋上市，以作辅品最为适宜，俗称笋烧肉。当春夏之交，将肉和汤煮之，略加盐花，熟后切块，上撒葱椒末，蘸麻酱油，名白切肉，元气浑沦，味绝佳胜。

粉蒸肉

将精肥匀称之肉切块，置酱油中，逾四小时取出，拌以炒米粉，外裹鲜荷叶，入锅煮之，须焖紧，勿泄气。

西瓜煮肉

西瓜煮肉有二法，一沥西瓜之汁以代水，此外照煮肉普通法，唯重用冰糖，其味与蜜炙肉殆相伯仲。又法，切去西瓜之盖，而挖净其瓤及子，置肉于中煮之，续加作料，如酒酱之属，熟后，倾肉碗内，其味腴而清。

白鲞干煮肉

白鲞干与肉，俱切长方块，洗净后，注清水于锅中，下肉煮之，至七八分熟，去麻加白鲞干及作料，略煮即可起锅，如二者同时放入，则鲞且消化无迹。

菜花头煮肉

用嫩菜心，和清水煮滚，撩起晒干，细切煮肉。

家乡肉

咸肉之上品，而淡且鲜者，家乡肉是也，出自杭州者较佳，其精肉能横断者尤妙。煮法宜用白汤，食盐宜少不宜多。

火腿煨肉

切火腿精肉，各成方块，冷水中一再洗濯，置篮中沥干，和以清水，加薄盐、好酒、葱椒、香菌等，煨于灶内，味香而腴，元趣沛然。

梅菜煮肉

用青菜或萝卜梗，放滚水中略煮，撩起晒干，细切如末，置陶器中。五六月间，用此煮肉。先以热水泡软，而后入锅，重糖多焖，至烂熟而止，色红味甘，香气旁溢，虽在炎天，不易败坏，且愈炖而滋味愈出。夏令食肉，以此品为最宜。

马兰头干煮肉

春日，取马兰头洗净，入沸水中略煮，盛起晒干储器。用时先泡而后下锅，煮法与梅菜肉略同，味亦甜美，唯耐久不坏，则有所未及也。

小白菜煮肉

小白菜煮肉，约在七八月间，佐以新毛豆子，其味尤美。小白菜取其嫩，毛豆肉取其鲜，二美合用，适口可知。煮法与他肉略同。

萝卜煮肉

煮法有二，或用油爆，然后下肉，续加萝卜及其他作料；或盛水于锅，倾肉其中，煮滚撇麻，续加萝卜及其他作料，而宜于红烧及紧汤，则一起锅，略放蒜叶以取其香（外此若鲜笋煮肉、冬瓜煮肉、茭白煮肉、油腐煮肉、百叶煮肉，法并同兹，不赘）。

栗子煮肉

新栗子去壳切碎，与肉同煮，重用冰糖好酒焖烂，肉既甜美，栗亦酥而且香，有辅佐之肉，以此为无上上品。

摇浑蛋煮肉

购哺坊头朝蛋而摇浑之，蒸熟剥白，与肉共煮，煮法略同红焖肉。或将寻常鸡蛋，凿开一孔，倾黄白于碗中，用箸调匀，重入壳内封好，照上法蒸熟煮肉，亦可。

蒸火肉

好火肉切小块，置碟中盖好，炖饭锅上，起锅揭开，香气扑鼻，元味益然，略有油汤，味亦隽永，以浇饭，以调羹，并皆佳妙。

炒肉片

切肉为薄片，精肥参半，入热油中略炒，续放盐、酒、酱油，火候须猛烈，辅助品以鲜笋、菱白为宜。

炖肉

将肉斩之极细，加酱油、盐、酒，及鲜美辅品，如笋屑、菌末等，于饭锅上炖之，上覆以碟，防元味之走失，省柴而味美，亦善法也。

火肉煨猪爪

猪爪剔去大骨，斩为小块，与火肉同煨，用淡盐清水，而辅以木耳、香菌、茶笋等，厥味绝佳。

冬笋煮火肉

冬笋素馔之上品，火肉荤菜之上品，两者各切方块同煮，滚后，勤撇其麻，凡两三次，加冰糖煮烂。如本日不吃完，留待明日，须储原汤备用，以免走味。

银鱼干肉丝

鲜肉精肥各半，细切成丝，以上好银鱼干为伴，先用热水浸两小时，俟肉丝半熟，将银鱼干放入，佐以嫩茶笋丝，略炒，加盖再煮，续下适宜之作料，食时别饶风趣，耐人咀嚼。亦有用鲜银鱼炒者，味益佳。

蟹粉肉丝

将蟹煮熟去壳，取其肉与黄，随肉丝入锅同煮，酒宜加重，略用芡。

韭芽肉丝

用嫩韭芽，理清洗净，肉丝将熟，然后放下，煮勿过久，以太烂则不鲜也，作料用食盐、好酒、酱油，而不需糖。

火鲜丝

火肉、鲜肉，各细切为丝，先炒后焖，和以极鲜之鸡汤。

冬笋肉丝

将冬笋尖切而为丝，宜细宜短，肉丝略熟，即加入同炒。冬笋一物，品贵质美，若丝粗且长，入口横梗，有何趣味。

扣三丝

火腿丝、笋丝、菌丝，相间铺饭碗内，唯不可杂乱，三丝攒聚处，用麻菇一只作顶，中实肉丝，预先煨熟，即用原汤蒸煮（不可作红汤）。食时用菜碗合上，即将饭碗转覆，则三丝俱在表面，形作半圆，有条不紊。火腿如琥珀，笋丝如象牙，菌丝如乌金，上缀麻菇，如古玉炉顶，以之燕客，物不珍贵而觉秀色可餐。

大肉圆

鲜肉去筋去骨，精肥各半，斩之极细，和以切碎之荸荠及芡粉，搓成大圆如茶杯，使酥松而又黏合，然后加酒、酱油等煮之，起锅用糖一撮，肉既入味，汤亦鲜腴，辅佐用海参及白菜均宜。

刺毛肉圆

如常法搓成肉圆，而外傅淘净之糯米，逐个铺大盆中加盖，置饭锅上蒸之，味亦适口。

肉饼子

斩肉极细，成小饼形，宜与青菜或笋片同煮，重酒红汤，既黏且松，斯为佳品。味不宜淡，然与其多盐，不如多酱油，较为鲜美。

油腐塞肉

切肉为小块，斩细，加虾仁、菌末、笋屑等拌匀，和以油、酱油，塞入油腐中煮之，汤宜略宽，秋冬间为宜，最妙起锅撒椒末少许。

肉包圆

拌肉馅如上法，用豆腐衣包裹之，置碗中，薄施酒酱，蒸而食之，味颇佳。

面筋塞肉

置麸皮于粉桶中，撒盐少许（约麸皮一斗，用盐一大杯），注水其中，屡屡揉搓，俟其渍透，捺之使平，少顷复揉，揉至有黏丝而紧，则功已过半。再如上法揉三次，益黏益紧，乃止不复揉，静俟一小时有半，另用缸储清水，渐次拉麸皮，频用手在水中漂之，而下承以篮，漂至麸壳净尽为度。逐块漂毕，浸水钵中，而面筋以成。乃切肉拌馅，摘面筋包之，是谓塞肉面筋。煮法有二：一油煎，注油俟沸，逐个入锅煎之；一生爊，将汤煮滚，而后加入爊之，俟熟盛起。

黄芽菜包肉

细切鲜肉，和以油酱，用嫩黄芽菜叶，在盐水中略泡，逐个包置碗中，蒸熟供食。

地蒲塞肉

地蒲去皮切段，将肉斩细，拌以作料，紧塞其中，外加清水、油酱煮熟，厥味颇美。

茄子塞肉

煮法同上，唯不必削皮，其性寒，作料中宜稍加姜屑。

炙酥脏

鲜肉斩细，加油酱，用豆腐衣包成长条形，切段，入沸油中煎熟。

氽肉皮

肉皮（鲜宿均可）略泡，入沸油中氽之，至色黄皮松，乃起锅，藏以待用，不易腐坏，可为煎炒各物辅助品，形似鱼肚，几可乱真。

白拉肚

肚子洗净，用批刀剖成薄片，盛以羹篮，在沸水锅中，簸荡六七次，见肚子卷转，即已成熟，用麻酱油蘸食之，清脆可爱，虾子酱油尤佳。

八宝肚

将囫囵猪肚翻转，用腌菜卤，擦去其秽恶，煮一滚，复出锅，仍如前法治之，乃取已切细之猪肉、栗子及芡实、糯米等，用酒、酱油拌匀，填塞其中，既满，以线密缝，宽汤略加油酱，以资调和，酥后，切片食之，味既香美，且可补益身体，如嫌味淡，尚可外蘸酱油也。

洋菜拌肚

肚子煮熟切丝，将洋菜寸断，热水中略泡，随即撩起，与肚丝拌和，加麻酱油蘸食，异常清脆，宜于夏令。

猪肠

先将肠翻转（大肠用手，小肠用筷），捋去污秽，出水，用腌菜卤或盐，再四揉擦，尽去其内膜之杂质。洗净后，先入锅煮一滚，滚后出水，复入锅煮之，至将熟时，续加酒、油、盐、酱（不用酱油者为白烧），如用辅品，可递入，极烂为度，起锅前，略用蒜。亦有塞猪肉屑于大肠中，和以虾仁等鲜美物，煮烂切食者，厥味尤佳。

梅花肠

小肠三四条，塞大肠中，淡水煮熟，起锅待冷，用刀切成薄片，横看如梅花形，用麻酱油拌食，味颇佳。

猪肺

洗肺必抽管割膜，沥尽其血水，剔去其包衣，功夫最细最难。洗后，用酒水煮数滚，肺形渐缩小，乃拆而碎之，加盐一撒，鸡汤或火肉汤煨之极烂。

猪腰

购猪腰三四只，剥去其外膜，剖为两片，并摘除其中间之油，用水洗净，微破其外层，纵横相错，刀纹秩然，切成骰子块形，将荤油熬热，而后下腰，递加油酱油酒，炒之不绝，末以真粉作芡。

肝油

切肝油成块,置水碗中略浸,再出水洗净,将肝与油分开,先倾肝于油中炒之,时间勿过久,则嫩而不老,菜蔬等辅助品,及盐、酒、酱油之属,以次加入,末将切碎之油放入,关盖略焖,起锅,加寸许长大蒜叶十余根以取香。

蹄筋

浸蹄筋于冷水中(较热水浸为鲜)约两日,煨之极烂,将荤油熬熟,入蹄筋而略炒之,续加虾仁、香菌、冬笋等,及适当之油酱同炒,至起锅不加盖。

牛肉

牛肉以不精不肥为上,宜选购腿筋夹肉处者,剔去皮膜,重酒清煮,不用配搭,以专一为贵,最后加酱油收汤,火候须至极烂而止。

羊蹄

煮羊蹄分红白两色,红者用酱油,白者用盐,与煮猪蹄大同小异。唯未煮之前,应先用山药或萝卜,同煮一滚,以去其膻,此一定之法也。

红焖羊肉

煮法同红焖猪肉，唯须加刺眼核桃，藉除臊气，辅佐品以栗子为最妙。

炒羊肉丝

羊肉丝愈细愈佳，炒法与猪肉丝同，用芡粉，拌以葱丝，较为得宜。

暖锅

冬日宴会，多用暖锅。暖锅以铜为之，中置鲜汤（以虾壳等煮汤）及已熟之虾圆、索粉、黄芽菜、冬笋等（此以虾圆为正菜，余皆辅佐品，故名虾圆暖锅；又有以青鱼为正菜者，名青鱼暖锅；以红肉、块鱼、虾圆、肉圆四味为暖锅者，名四喜暖锅，其办法及辅助品并同），将预在灶内烧红之炭钳入锅心，上加锅盖，取扇扇之，俟热气沸腾，即可开食。并多备鲜汤及炭，遇缺乏时，续续加入。虽有豪饮之宾，延长时间，有暖锅以接济之，亦无虞乎冷食矣。盖锅内之馔，既可因炭常热，锅外之馔，亦可藉锅取暖，法之至善者也。即寻常家食，当冬令严寒之时，不必如以上之设备，或用蚬肉，或用肉片、索粉，或用结冰豆腐，皆可入之暖锅，宽汤供膳，既可御冷，并不费力，所糜费者不过一二十文之炭价而已，便孰甚焉。

八宝鸭

肥鸭一只，将毛拔净，于腿间剖开一孔，除去其肚中之肺肝肠油，清水洗濯，用糯米一酒杯，鲜肉、火腿、栗子、芡实、莲心、香菌、冬笋、麻菇成丁，和以葱花、酒、酱油，灌鸭腹中，用线密缝，置锅中，外加水、酒、酱油煮之。

熏鸭

用铁丝笼，取剥白之鸭，蘸麻油、酱油，下炙以炭火，且移且熏，至四面皮膜均成酱色而止。

野鸭

囫囵野鸭一只，破腹，塞葱二十条，茴香、好酒、酱油和之，外用水、酱油、五香，煮透起锅，将葱取出，以煮豆腐，味绝佳。鸭则切块供膳，香美适口。又法如八宝鸭例，外加茴香、桂皮而煮熟之，俗称小八宝鸭。

火肉㸆鸡

用好火腿，配极嫩鸡肉，切块同㸆，后加作料，宽汤缓焖，味绝鲜美。

炒鸡片

切鸡肉成薄片形，入沸油锅中炒之，火须极旺，递加菜油、好酒、酱油、麻油，起锅前加姜、葱末少许，并略放芡粉。

煨鸡

将鸡去毛，挖尽其腹中之杂质而洗濯之，中塞肉馅，略如八宝鸭例，密缝其口，外包荷叶，用水调酒鬓盖之泥，涂于叶外，以炭火煨之，烂熟为度，味绝香鲜。

白斩鸡

整鸡煮熟，不可烂斩块，用麻酱油蘸，元味益然，煮时水勿过多，略撒盐花，以解淡气。

黄芽菜炒鸡

鸡、菜各切为块，用滚水泡菜，而将鸡块入沸油锅内炒透，以次加酒、加酱油、加水，滚十数次后，鸡已半熟有余。乃将菜下锅，再煮片刻，起锅，放糖、姜、葱各料。

栗子炒鸡

先将栗子及冬笋蒸熟，剥肉切片备用，乃斩鸡成块，爆以菜油，继加适当之酒、酱油、水，煮七八分熟，栗子与笋，同时放下，再煮至烂熟乃止，起锅撒糖少许。

拌鸡丝

将熟鸡肉细切为丝，与柔嫩之笋丝作伴，即以白鸡汤和之，味极鲜，或用酱油、芥末、醋拌食，亦佳。

炒鸡丝

将嫩鸡生切为丝，而用笋丝佐之，加酒、酱油同炒，勿使过老。

鸡血汤

鸡血凝合后，细切成丝，以鸡汤、酱油、索粉作羹，柔软滑泽，老年最宜。

野菜炒野鸡

野鸡切块，入沸锅中略炒，将洗净切细之野菜加入，其他作料，与炒家鸡略同（野菜炒家鸡亦佳）。

鹌鹑与黄雀

鹌鹑可塞肉，法与煮八宝鸭略同，唯须四五只同煮，腹内容积较小，作料可减，糯米外用三四味，如鲜肉、冬笋、香菌、芡实已足。亦有购生黄雀塞肉煮食，法与鹌鹑同，味并香美。

白护蟹

盛水于锅，将活蟹投入，加老姜数块，以杀寒气，关盖猛煮，壳红为度。预备姜末，用酱油一碟，自剥自蘸自食，则味全而勿走失，俗称白护蟹。

炒蟹粉

将蟹煮熟，剥肉及黄，即时用荤油炒之，加酒、酱油、盐，起锅前略用芡，是谓纯粹蟹粉。亦有和以火腿、肉丝、笋片、香菌、木耳等副佐品者，味亦佳。

炒虾仁

鲜虾去壳出肉，用火腿、冬笋、白菜等，细切成丁，先熬荤油于锅中，略焙，加虾仁而复炒之，末放火腿、冬笋等及酒、酱油，再炒若干时，即可起锅，炒时无须闭盖，则虾仁不致硬而且老。谚云"十八铲刀"，此之谓也。

虾子海参

浸海参于水中，去其沙泥，约一日夜，剖开其腹，挖出其肠，洗净煮之使极烂，重用酒与酱油，辅佐以香菌、木耳为最宜，色相似也，将熟时，始放虾子，味绝美。又有虾子蹄筋，煮法同海参。

虾圆

虾去壳存肉，入小石臼中，和荸荠屑同捣烂，较为松脆，捣时勿过细，致失真味，末用鸡蛋二三枚，倾黄白于碗中，以筷调匀，俟虾将捣烂，加入搅和，撒薄盐少许，作团，频以酒傅掌，使光润不黏，成后，放滚水中煮熟，撩起另贮，临吃，或入鲜汤中（此汤即以虾壳煮成，滚后撩壳存汤），伴以索粉，或入暖锅中，为正当之资料。

醉虾

带壳之虾，去须及足，用酒、酱油郁之（或加醋及橘皮屑），上覆以碗，约二分钟可食，临食撒胡椒少许，味尤佳。

炒虾

炒虾略同炒肉，用韭，用笋，用茭白、毛豆肉均可，亦有放油、盐单炒者，味亦佳。

炖虾

将虾选摘后，加盐花蒸熟供膳，或加辅品，如茭白、鲜笋之类，亦佳。

油面虾

调面粉于碗中，略加盐花，将虾逐一滚面，入沸油中氽之，色黄为度，使肉与壳混成一片，既松且鲜，下酒之美品也。

蚌肉

蚌俗名水菜，破壳而取其肉，与家乡肉同煮颇佳，有以笋丁或韭菜为佐者，亦可，须重用酒，以解腥，红烧为宜。

蚬子汤

蚬子连壳煮汤，加盐花及熬烊之荤油少许，起锅撒胡椒末，肉既松软，羹亦鲜美。以产吴县白蚬江者，最为上品。

红煮鳗鲡

择肥大河鳗，洗净滑涎，去首尾，斩寸为段，用酒、水、猪油煮烂，加酱油、食盐，多焖收汤，使油味尽入鳗肉之中，末加葱、姜、茴香之属，以多为贵，藉杀其腥，起锅用冰糖及芡粉少许，辅助品有用豆腐者，有用毛豆子者，均可，然欲其透味，究以不用为佳。大抵煮鳗有二忌，一忌皮皱，二忌肉散，由前之说，弊在不酥，由后之说，弊在太酥，一易失味，一易走肉，煮鳗者不可不知也。

火肉鳗鲡

用大鳗鲡，洗净，切寸余长，去骨，火腿、猪油，细切成屑，塞入腹中，放在瓷盘内，面上加盐、葱、姜片，以陈酒作汤（不用水），夹汤蒸熟。

鳗鲡干

鳗鲡干可蒸食，亦可煮，法用豆腐切块，俟鳗鲡干半熟，而后加入，煮至鳗熟腐黄为度。鳗鲡最忌腥气，一染此令人欲呕，须多放红酒以荡涤之，起锅前略用糖。

鳝

黄鳝去首尾，寸断之，大旨与煮鳗法同，所异者，加大蒜头而不用糖。有与鲜肉或火肉同煮者，味亦佳美。

炒鳝丝

储清水于釜，置活鳝其中，加盖煮滚，起锅，用锐利之竹爿，将鳝逐条划丝去骨，用酒、酱油煮之，续加火肉屑等，微和芡粉。

煎鱼大要

鱼有整块之分，鱼之体小者，宜于整煮；鱼之体大者，宜于块煮。其煎法大要：洗净略腌，先熬油，次下鱼，次加油、盐、酒、酱，及木耳、香菌等，起锅放葱、椒、姜、桂，间用芡粉。至要之诀，汤不宜多，肉不宜老。未下锅前，宜先洗以水，已下锅后，宜多浇以酒，两面宜煎黄，滋味宜透达，此煎鱼之通例。如用助品，则油腐、粉皮、笋片皆可，唯嫌拔味，故宴客时以少用为佳（本编于煮鱼法之表异者，具列下方，余不一一赘述，特先揭其大概于此）。

鱼羹大要

鱼羹亦有整块之别，整鱼以白鳃鲈鱼为上品，其次鲫鱼；块鱼以青鱼为上品，其次鲤鱼。辅佐以冬笋、香菌为最妙，水宜宽不宜紧，汤宜白不宜红，味宜淡不宜咸，调和宜薄盐重酒，不宜用油与糖，临食宜麻油椒末，不宜用葱与蒜，盖煎鱼取其浓，鱼羹取其清，性质不同，故制法大异也。

鳜鱼

将鳜鱼洗净，去鳞，去腹中杂质，入锅同煎，加盖再煮，续下油、盐、酱油、酒、姜、糖等，汁贵多少适中，以煮至外皮略黄，肉作玉色为度。

鲫鱼煎法同鳜鱼，亦有细切猪肉、笋丁、香菌等，和以盐、酒、酱油，剖鱼腹而填实之者，俗称塞肉鲫鱼。

鲥鱼

鲥鱼不去鳞，宜用蜜酒蒸食，名曰清炖鲥鱼，为菜中珍品，亦有用猪油煎，加酱油、酒酿、冰糖者，味亦不薄。

黄鱼

黄鱼一物，近海之处，四时皆有，内地则立夏后始上市，端午边则大盛。谚云，"买条黄鱼过端午"是也。吴俗于是日，即极贫之户，无有不食黄鱼者。其煎法略同他鱼，唯须用大蒜头以取香气，嗜者固多，不喜者亦间有之，在司厨之随时变通也。黄鱼之已腌者，为黄花头，煎时宜用豆腐，法同煮鳗鲫干，唯腥气略减，用酒不必过多，肉松易熟，火候亦较鳗鲫干为逊。

白鱼

白鱼煎食不如蒸食，其肉最细，冬日用猪油、酒、酱油同蒸，味颇佳。或微腌，加酒酿糟一二日蒸食，味亦美。

银鱼

银鱼初起水时，亦名冰鲜，炒蛋炒豆腐（炖蛋炖豆腐亦佳），均美不可言，唯蛋与豆腐，色黄勿焦，乃得火候之正，上口尤美。

醋鱼

用大小适中之活青鱼，切块油灼，以酱醋酒喷之，略加菌丝、笋片为辅助品，紧汤煮熟，即时起锅。

炒甲鱼

甲鱼俗称水鸡，大则老，小则腥，以适中为贵，须买重半斤以外者，斩块入锅，用猪油煲炒之，使两面具黄，乃加水、酒、酱油，火候先武后文，收汤成卤，将熟，加葱蒜，起锅用椒、姜及糖。

鱼松

青鱼或鲤鱼，蒸熟而拆其肉，入油锅中灼之，俟其色渐黄，放葱椒、盐花、姜末，起锅后储瓶备用，食时入口即化，至为松美，牙力薄弱者为最宜。

炖鲞

四五月间鲜鲞上市，肉软味佳，切段洗净，以酒代水，略加酱油，上撒小块猪油少许，炖饭锅上，群推美品，过时则但有好腌鲞，炖时专用水与酒，不需酱油。亦有加斩细之肉或鲜虾或豆腐其上，而同蒸者，曰肉炖鲞，曰虾炖鲞，曰豆腐炖鲞，煮法并同。

面煎鲞

腌鲞可炖亦可煎，煎至半熟时，将预调之面粉倾入锅中，频以铲刀裹面粉于鲞上，使融成一片，而无瑕隙，久之色黄质松，即可起锅。

塞肉叭鱼

先在沙石上磨去其腹下之刺，以净尽为度，乃用刀向磨光处划开，挖空肚内各杂质，将皮连首翻转，塞以斩细之肉馅，然后以寻常煎鱼法煎之，而重用酒与猪油，味属浓厚，汤不宜多。

爆鱼

将青鱼或鲤鱼，切块洗净，用好酱油及酒郁半日，置沸油炙之，以皮黄肉松为度，过迟则老且焦，过速则不透味，起锅后，略撒椒末、甘草屑等其上，放碗中使冷，则鱼燥而味佳。亦有以旁皮鱼为之者，则整而非碎，松脆香鲜，骨肉混和，亦甚美。

鱼卷

大鱼和酒蒸熟，去骨拆碎，加酒酱，用豆腐衣包成长条形，切段，以葱椒或甜面酱蘸食。

鱼圆

用刀将鱼肉刮下，斩细，拌以荤油、芡粉而搅匀之，略放食盐，加葱姜末作圆，煮法略同虾圆。

莼羹鲈脍

莼菜（佐以小肉圆）调羹，鲈鱼（佐以鲜笋）作脍，吴中风味，自昔绝传。制法与常调羹作脍，无大判别，如能两美合一，尤为佳绝。

法将鲈鱼蒸熟，拆骨存肉，摘莼菜嫩头煮汤，益以鲈肉，助以笋屑，和以上好酱油，厥味之佳，得未曾有。

鲢鱼豆腐

青鱼头、鲢鱼尾，均为佳品，尾取其嫩而鲜，头取其肥而美。将大鲢鱼头切块煎熟，续加豆腐，视鱼之多寡，酌浇酱水、红酒煮之，至汤浓厚为度。

边鱼

煎边鱼之法，最妙用酒不用水，加好酱油、猪油、冰糖，号假鲥鱼，亦可用酒、酱油蒸食，勿使肉老变味，及受锅盖之水。

咸边鱼

将鱼洗净，浸清水内，略减少其咸味，然后熬油煎之，佐以小块猪油及白糖，味亦浓厚。

鲜肉炖鲤片

鲤片鲜肉，各切小方块，加清水及酒同蒸，味颇佳，夏日最宜。亦有不用鲜肉而单独炖鲤片者，味亦不恶。

鱼干

夏日将黄鲦鱼洗清，入油锅煎熬，撒盐一撮，用铲刀翻覆数次，使肉熟皮黄，盛起晒干，加酒、酱炖食，味香而鲜，隔宿不坏。

杂小鱼

冬日买杂小鱼一二斤，用萝卜片或咸菜为佐，加盐、酒、酱油，煮之烂熟，价廉物丰，味亦鲜美。

萝卜丝煎脚带鱼

脚带鱼有南北货之分，南货较优，北货较逊，洗净去头尾切段，熬油煎之，后加萝卜丝及酒、酱油，冬日家馔之省便者也，用猪油尤妙。

普通咸鱼

咸鱼种类不一，名目繁多，鲤片之外，鲤朱为最，其次鲫鱼、白古子鱼等味较逊，价亦略贱，居家者视财力以为取舍，大率宜炖不宜煎（兼可煎食者，具见上），虽不及鲜鱼之味美，而耐久省馔，处乡崇俭者利用之。炖法与鲜鱼同，特不必加盐、酱耳。

冰雪蛋

鸡蛋舍黄留白，加适宜之水，以筷调匀，面盖瓷碟，蒸饭锅上，熟时宜色白而嫩，如水豆腐。另以麻菇汤加鸡屑、火肉屑，和盐少许，煮滚，用调羹划散卵白，成小块，倾麻菇汤中，名曰冰雪蛋，以色相似也。味美而易消化，如奉病人，可专用蛋白与麻菇汤。

虾仁炒蛋

普通炒蛋，如肉丝，如笋丝，如银鱼，皆可炒蛋，要以虾仁炒蛋为上品。鸡卵去壳调和，而勿加水，先用猪油熬热，加虾仁、笋片少许，略炒，下蛋并加盐花，连连炒之，待蛋将凝结，即时起锅，勿时间过久，蛋老色焦，以致变味。

酱煨蛋

将蛋蒸熟剥白，入瓦罐中，和以酒、酱油，及水少许，置灶下火灰中煨之，或于半熟后，略碎其外轮，使纹痕纵横，连壳煨熟，大抵煨二次，则酱味内透，表里如一。煨一次则美，犹有憾也。

肉汤煮蛋

除夕家宴前，煮大锅酱肉，如蹄子、方肉等，滋味最足。将鸡蛋蒸熟剥壳，入锅同煮，浸淫既久，味极透达。

蛋圆

鸡卵数枚，去壳，倾黄白于碗中而调匀之，将已煮熟之肉圆，蘸蛋复蒸，即成蛋圆，临吃用法同虾圆。

茶叶蛋

将鸡子入锅中，用水、酱油、粗茶叶同煮，火候久则益香，使卵黄内之挥发油外泄，约三小时左右。

蛋汤

蛋汤有二法，一专用卵白，一并黄白而用之。专用卵白者，亦称碎玉汤，取熟鸡蛋之白，切方圆长短尖角等各式小块，入鸡汤内，加香菌、笋片，煮滚起锅，下盐少许。并黄白而用之者，亦称蛋花汤，倾蛋碗中调匀，入鲜美之沸汤内，略加食盐及辅佐品，如火腿丝、虾米之类，用铲刀截开，使不凝合，再煮一滚即熟。二者并宜宽汤，用之宴客颇宜。

跑蛋

鸡蛋（鸭蛋亦可）数枚，破壳，倾黄白于碗中，用箸调匀，另将鲜肉、虾仁、香菌、冬笋等，细切成丁，随后加入而搅和之，同倒沸油锅中，搨平，成一大块，略煎，以铲刀翻转，俟蛋熟色黄，盛大碟中供食，香松鲜美，风味绝佳。

蛋饺

鸡蛋拍碎入碗，略加盐花，以箸调匀其黄白，再将精肉切碎，加葱头、笋丁、香菌和盐，反复斩细，放碗内，上浇酒、酱油，一再拌和，然后举火热锅，洒油其中，略熬，取蛋一调羹，肉一小团，用铲刀裹于蛋肉，其形如饺，翻转稍熬取出。仍依前法，续续为之。既毕，一同下锅，加各种作料，盖好煮熟，沸透为度。

炖蛋

将蛋剖开，倒黄白于碗内，虾仁、虾米、鲜肉、笋屑（白炖蛋亦可），择取其一加入，和酱油、盐花同调，加水至八分满，炖饭锅上，上覆以碟，防饭麻之渗入。鸡蛋最嫩，鸭蛋较逊，食时宜用调羹。

荷包蛋

先用猪油二调羹，将锅熬热，每鸡蛋一枚，成一荷包蛋。其法将鸡子逐一打碎，入锅略熬，待皮稍老，用铲刀将蛋对合包裹，放于锅旁陆续作完。翻转略熬，乃加水及酱油、盐、糖、葱，盖上锅盖，至沸透起锅。

八宝蛋

先取火腿、冬笋、虾仁、鸡肉、麻菇、香菌、松子仁，细切成屑，煨熟待用。乃将鸡卵六七枚，各凿小孔，使黄白同流碗内，而以筷调和之，随放各屑于蛋中，并食盐一撮同调，再分倒于各蛋壳内，固封蒸熟，一一剥食，其味美甚。

囫囵蛋

鸡蛋连壳蒸熟，起锅浸冷水中片刻，剥壳浇酱油食之，曰白护蛋。亦有于蒸熟后，在热水泡和之洋红（或品红）色中滚一次，取出，俟冷备用。怀孕后亲戚之送糖，岁底赠小儿年饭之表面点缀，以及女子出嫁时奁具内之吉祥品，皆需此物。

块蛋

鸡蛋数枚，取黄白调匀，加水少许，和以鲜肉屑、虾仁等，入深大瓷碟中，炖饭锅上，食时，切成小方块，形厚味香。

文武蛋

腌蛋、鲜蛋各二枚，将壳逐一打开，用筷调匀其黄白，蒸而熟之，俗称文武蛋。亦有各据一隅，不相混合，食时，听人随意夹杂取食者，亦佳。

炒辣酱

用虾米及鲜肉、腐干、冬笋、栗子，各切小块，俟油熬熟，入锅略煮，续加甜面酱、辣酱、葱，和水煮之，酒勿过多，酱勿过黏。此物性暖味咸，耐久不坏，可粥可饭，冬令最宜。

海蜇皮子

陈海蜇浸冷水中两小时，去其沙，切碎，加麻酱油及红酒少许，颇清脆。冬日刨萝卜丝，加沸油盐花，拌以海蜇，味亦爽绝。其光者俗名皮子，切丝用酒醋拌食，亦佳。

素菜类四

素指主要菜言，助味品间用荤者仍入素类。袁氏素菜单内多有用荤调和者，此篇亦沿其例。

炒两冬

熬熟菜油，将冬笋与京冬菜同炒，曰"炒两冬"。下锅次第，先放冬笋，后放京冬菜，重用酱油，起锅下糖一撮。两冬汤如上法略炒，宽汤煮之，唯不用糖，即酱油亦须减少。助鲜之品，如香菌、麻菇，有则可细切加入，唯不可多于两冬，致失主味。

炒素

将锅煮热，用菜油两调羹，冬笋、香腐干、京冬菜、香菌等同炒，再加油、酱、盐、糖，略焖，色赤汤稀为度，名曰炒素。物品多少，在所不拘，贵如麻菇，贱如油腐、冬瓜等，皆得为炒素之资料，此可丰可俭者也。

素鸡

豆腐衣卷紧切段，用好菜油炒熟，辅以冬笋、香菌等鲜品，续放油酱煮熟，俗称素鸡。亦有用百叶为之者，味稍逊，号假素鸡。

香菌炒面筋

切面筋成块，入油锅中，继下泡过之香菌，而即以所泡汤代水供用，重用菜油，起锅宜加白糖一撮。

麻菇

麻菇味绝鲜美，可作汤，亦可炒食。口麻易藏沙受霉，收拾不便，配制亦难，家用以鸡腿麻为易藏易制。

炒藏菜

寒菜（俗名藏菜）经霜后，最为得味。先将菜洗净细切，用脂油熬锅使热，倾菜其中，再加猪油、盐、酱油，煮至烂熟起锅，清腴甜泽，推为佳品。谚云，"寒菜抵肉香"，洵不诬也。薹心菜炒法略同。

韭

韭为蔬类，荤物以蚬肉炒，以猪肉炒，以虾米或鲜虾炒均可。宜略焖，勿过生，致食后气味难闻。

芹

菜愈肥愈妙，宜与笋同煮，亦有用腐干丝为佐者。

菠菜

菠菜形瘦而性肥，煮时不必再加笋尖、香菌之属，法宜取其嫩者。加酱水豆腐煮之，杭人名金镶白玉板，即指此也。

黄芽菜

黄芽菜一名菘，有数种，来自北地者为良，可煮腌肉，可与虾米同炒，用醋搂亦佳，既熟即吃，不可过迟，致有变色变味之弊。

蒸菜

取藏菜心洗净，蒸饭上，另碗调油酱炖熟，起锅盛菜于碗，浇油盐其上，以筷拌和食之，颇得菜蔬元味。

炖腌菜

取腌菜洗净切细，置碗中，加菜油一调羹，或笋屑少许，炖饭锅上，起锅用筷拌转，使油菜匀和。

菜蘸芋艿

芋性最柔腻，入荤入素，各得其宜。普通食法，刮皮洗净，入锅煮之，加盐一撮，用小青菜切末为和，俗称菜蘸芋奶。以菜黏芋上，与蘸无异，故名。

豆芽菜

豆芽性柔且脆，色白味清爽，嗜之者颇多。法宜去须洗净，与鲜虾同炒，以熟为度，勿过生。

茭白

茭白本地产者尤优，性嫩味甘，其中有灰点者忌用。切断为寸，炒肉、炒鸡、炒虾均可，与鲜毛豆子同煨猪肉更佳。亦有蒸熟切片，用麻酱油蘸食，风味不亚拌笋，特微逊其鲜耳。

地蒲

大豆隔夜浸透，翌日上午，剥去其壳，选嫩地蒲二三条，将皮用碗爿刮净细切，与豆肉入锅同煮，外加酱油、食盐，至酥为度，宜于宽汤。

素包圆

用豆腐衣划成小方块，将腌雪里蕻菜及冬笋、香菌等，细切成丁，以腐衣包之，油酱和之，或煎或炖均可。

莴苣笋

莴苣可蒸熟，用麻酱油蘸食，腌为脯，切片食亦佳，宜淡不宜咸。

荤油煮萝卜

先熬熟猪油，下萝卜片略炒，加酱油、盐，煮至极熟而止，临起锅放葱椒，色如琥珀，透味可知。

蒸萝卜

取肥大结实之萝卜，洗去其泥，切成薄片，以竹筷贯串之，蒸饭上，余法同蒸菜。

炒豆腐

豆腐为普通家常素馔之上品，价廉物美，有益卫生，食者既多，法亦不一。鲜蔬类中，如茭白、毛豆子、笋片、小白菜、野菜、菠菜等；腌菜类中，如雪里蕻、菜心、冬菜等，皆可为炒豆腐之辅助品。大抵豆腐贵嫩不贵老，用热水泡去豆气，而重用菜油，随起锅，随上桌，以热吃见长，知此则于炒豆腐之道，思过半矣。

八宝豆腐

用嫩腐切成小块，加香菌屑、麻菇屑、笋屑、黄芽菜屑、京冬菜屑同炒，续下酱油一小杯，及糖一撮，略焖起锅，厥味甘美，胜于荤馔。

冰冻豆腐

冰冻豆腐形如蜂窝，别有风味，为冬日佳馔。寻常用酒脚腌菜煮羹，亦颇适口。如用香菌、冬笋等好料，略参八宝豆腐法煮之，厥味益美。

虾子豆腐

生豆腐热水泡去皮，浇白元酱油两调羹，预刮生虾子，炖熟晒干，储器备用，临食以拌豆腐，为粥菜佳品。

湖葱豆腐

豆腐两面去皮，切小块，熬猪油于锅，俟起青烟，乃将沥干之豆腐加入，放盐花一撮，用铲刀将豆腐逐块翻转，随下甜酒一茶杯，大虾米百余个（须先以滚水泡两小时待用），酱油一大杯，加糖少许，复煮一滚，切半寸长之湖葱，约一百段放入，徐徐起锅。

糖煮豆腐

用热水泡豆腐一次，切块，入热油锅中，加少量之水，重用酱油、红糖，佐以香菌、木耳（热水略泡），煮至色红味透为度，汤宜少不宜多，俗名糖烧豆腐，厥味颇佳。

煎豆腐

用素油煎豆腐，须两面皆黄，起锅，用好酱油蘸食。

木樨花豆腐

将豆腐切块，下盐一撮，用箸调碎搅匀，上加菜油及香菌冬笋屑少许，置饭锅炖之，入口而化，既香且腴，是曰木樨花豆腐。

腌夹鲜豆腐

如上法，不用盐而拌以臭乳腐，为腌夹鲜豆腐，嗜之者谓其味极佳，然食性不同，亦有终食而不肯下箸者。

炖豆腐

切块，加食盐少许及油酱，用虾米、葱、香菌炖，味最佳。其次如笋片、毛豆子、腌雪里蕻菜均可，价廉法便，家常最宜。

水豆腐汤

水豆腐作羹，宜于朝餐，和以胭脂叶[1]，最滑泽腴润（炒豆腐亦佳，余家曾种此物，每摘叶治馔，干腐水腐，并皆佳妙，性近菠菜，而肥胜之），其他凡可佐干腐者，施之水腐，殆无不合。唯汤宜清忌浓，宜淡忌咸，而喧宾夺主，辅助品多于水腐，亦非宜也。

火腐

将豆腐去皮，撒火肉屑于其上，仍以切下之腐皮盖上，加清水及好酱油蒸食，味极美。

炒臭腐干

夏日买香腐干十块，以稻柴心贯之，投臭卤甏中，浸十二小时，撩起洗净，切斜片，熬油加入，佐以香菌、毛豆子、茶笋丝，续放酱油、盐，将锅盖盖上煮之，末加糖一调羹，略焖起锅，此夏令素馔之上品。

炖臭坯豆腐

春间购市上臭坯豆腐干数方，每方又切而为四，铺碗底，加菜油、酱油、食盐及嫩笋片，置饭锅上蒸之，较之炖鲜豆腐，别有风味。

1.编者注：胭脂叶，亦称豆腐叶，虎皮楠科，常与豆腐同煮。

酒煮毛豆

毛豆至八九月间成熟，荚阔大而肉香嫩者，曰香珠豆，最为佳种。熟时采下，连荚和盐酒煮之，至极熟而止，连汤盛起，其味绝鲜。

新蚕豆

四五月间新蚕豆上市，用腌芥菜炒之，起锅即吃，味甚佳。亦有不用辅助品煮者，名白护豆。

炒长豆

长豆以粗嫩为贵，取当朝摘下者，洗净切寸余长，将油入锅熬热，倾豆其中，略炒，加食盐煮之，起锅撒糖少许。

发芽豆

冬日浸蚕豆一昼夜，倾竹器中，上加稻柴结，置阴处，每日出水一次，约五六日而芽萌，十一二日而芽足（天气温暖时，发芽较速，四五日已足），晒干，加油加盐炒之，曰炒发芽豆；不晒而即加水与盐煮食者，曰煮发芽豆。

炒盐豆

蚕豆淘净熬油，加盐炒熟，齿健者食之，香气四溢，齿颊流芳，其味靡穷，俗有"杜莲心"之称。

煨酥豆

大豆淘净加水，放瓦罐内，炊后急埋灶内，旁围柴圈，上撒笼糠，以延长火力，俟煨酥倒入锅中，加盐及姜末略焙，即可供食。

五香豆

大豆淘后下锅，水与豆平，滚数回收汤，乃撒盐数撮，及甘草、茴香、桂皮为和，炒之不绝，至豆干硬，有盐封气为度。

酱豆

蚕豆淘净，水中浸一昼夜，去盖，入沸油中氽熟，盛置碗中，拌以炖熟之甜面酱，即成酱豆。

油松豆

大豆浸一日夜，去壳，入滚油中，至色黄上浮为度，起锅拌以熟盐，既松且香。亦有用黄豆氽成者，其法略同。

银鱼豆汤

新蚕豆甫老，略浸剥肉剖片，椒盐少许，放饭锅上蒸熟，另用鲜银鱼（银鱼干亦可，须用热水泡一回）及茶笋丝，加清水酱油炖汤。食时，将豆片加入搅匀，俗名银鱼炖豆片。无银鱼时，用鲜虾或虾米亦可。

茄子

将茄子切块，入油锅略炒，加酱油、盐、糖，煮至烂熟，色红味甜，颇为适口，如略用姜末尤妙。蒸茄，茄子洗净，于肥大处略切数刀而连其柄，俾易热阑，蒸饭上，余法同蒸菜。

黄瓜丝

嫩黄瓜去皮刨丝，用盐水泡之，以去淡气，洗净，加酱油、麻油、醋各少许，味绝爽脆。

冬瓜

冬瓜去子切块，以煮咸肉，颇佳，亦可与油球、京冬菜同煮，曰炒冬瓜。

炖丝瓜

夏日取青丝瓜，略洗，切斜块入碗中，加菜油、食盐，炖饭锅上，食时味颇腴滑，有新糯米香，唯性寒不宜多吃。或于起锅之时，略撒姜屑以解之，亦是一法。

鲜菱肉

秋日剥嫩菱肉蒸熟，用酱油、麻油拌食，味绝佳，佐以炒豆腐或茭白，均适口。

拌马兰头

马兰头亦蔬类美品，择其嫩者，摘去根与败叶，清水洗净，沥干切之，入滚水中泡一次，略煮撩起沥干，外加熟菜油、酱油、盐花，拌和食之，油腻厌饫后，此品可资消解。马兰头干，择嫩马兰头洗净，和水煮一滚，盛起晒干，可炖食，可煮肉。

炖酱

用酱三调羹，调以清水，将腐干、猪油，或茭白、冬笋，切成小块加入，末下菜油、葱屑，炖于饭锅。用后，如尚有馊余，明后日略加作料，仍可炖食。清俭之家，每有一酱碗，连续不绝，炖至八九次者，则未免太过也。

椒盐果肉

熟花生去壳存肉，熬油炒熟，起锅加椒盐拌食。花生肉，将花生炒熟剥肉，入小石臼中，先研后捣，至半烂，加适当之白糖椒盐，再捣至果油外溢，融和无骨，置盖碗中，味绝香美，病齿者食之，最为适宜。

腌货类五

腌货以自制者为准，其有购自市上者，如咸蹄、火肉之属，仍入荤馔类。又如造酱等法与腌货为近，爰附入焉。

酱蹄

先用盐腌猪蹄五六日，洗净阴干，放缸盆中，以酱油浸之，不时翻转，令渍透全体，深入腠理，半月后取出，悬诸檐下，食时以白水及好酒煮之，嫌淡则略加酱油。

糟蹄

猪蹄腌一昼夜，置米糟缸内五日，又取出晒干，四周涂盐，复糟六七日，用纸包裹，入稻柴灰中，半月之后，即可烹食，味绝美，煮法与酱蹄略同。

风蹄

微擦炒盐于猪腿，外傅黏土，高悬有风无日之地，耐久不坏。取用时，先以水泡一日夜，斩去爪及腿，照常法煮之，唯水量宜恰好，以盖肉面为度，味如火肉，夏日食之，最为适宜。

酱肉

制法与酱蹄同，单独煮食，味较厚，如用辅品，油腐为宜。

糟肉

制法与糟蹄同，宜蒸熟切片食之。

风肉

制法与风蹄同，单独煮食为妙，或以冬笋为辅，亦可。

暴腌肉

用盐揉擦一二日，即可用，煮法与寻常鲜肉略同，盐须减少，白汤为宜。

腌蛋

腌蛋一名灰蛋，春日买鸭蛋百枚，洗净，放浅缸中，入稻柴灰半斗余，清水一中碗，盐十两，烧酒一杯，拌匀捣和。另器贮干灰待用，将蛋逐个先用盐灰厚涂（见有不良之蛋，须即剔去），次在干灰中滚一过，安放缸中，腌毕盖好。逾月启甏蒸食，黄白分明，油红如琥珀。或切开，或敲穴用箸取食，均宜，风味绝佳，宜粥宜饭。用此法腌鸡蛋味尤细糯。然腌蛋为家常必需之品，鸡蛋不可多得，故用鸭蛋者十居八九云。

虾干

买虾数斤，带壳入水煮一滚，加红酒、食盐，起锅晒烈日中，俟干透，放瓷器内，用时去壳，酒中略浸，可以佐粥，可以下酒，风味不亚虾米，以之炖鸡蛋及豆腐，味亦佳。

糟鱼

冬令购大鲤鱼，剖而为二，傅盐略压，悬空阴干，入酒糟坛中，严封其口，三伏日蒸食，绝妙。

酱鸡

肥鸡剥白洗净，用好酱油浸一日夜，撩起风干，临吃煮熟，切片供膳，为佐粥下酒之佳品。

虾子酱油

取有子雌虾，用清水在碗中揉下其子，然后去水，将好酱油放锅中，加入虾子（通例一斤酱油，二两虾子），开盖（关盖则酱油化汽水上升于盖，冷复坠下，易于拔味走气）煮二滚（少煮则酱油之亏蚀较少，然其味淡而易坏，多煮则酱油虽多暗耗，味咸而不易坏，故与其煮一滚，不如煮二滚也），起锅盛瓷器中，俟冷盖好备用，鲜美异常。

腌菜

藏菜晒一日，以水洗净，铺瓮中，相间撒盐，上压数石，明日即有盐卤，越六七日可食，积久愈熟。用盐之数，大率菜百斤，需盐三斤。腌雪里蕻菜，可不晒，余同藏菜。

薹心菜晒两日，洗净腌缸中，三四日即可食。如虑味淡，不能耐久，越数日取出拧干，另置一缸，层叠加盐塞紧，佐以八角、茴香、马兰头干等，上覆以石，名曰盘缸菜，经久不坏。亦有装甏中者，腌法略同。所异者，用甏盖内贮清水，将菜甏封口倒合，安放无人之处，夏日食之，推为上品。腌菜最难，淡则味好，咸则味逊，然欲久贮而不出虫，非多盐不可。盘缸菜以茴香、马兰头等为助，则时久味香，亦善全之法也。

瓶里菜

用藏菜切寸许长，更以萝卜纵切成条，横断如菜长，俱风干，加盐搓软，隔一夜，复加花椒、陈酒拌匀，装入瓶中，须搋实，松则易坏，瓶口用腌菜叶包香糟紧塞，口外用纸密封，隔五日可开食。

枣子菜

藏菜腌四五日，取出拧干，每棵放红枣三四枚，绞紧装入甏内，须搋足，勿留余地，固封其口，以免泄气，食时香而且甜，津津有味。

罗汉菜

上海邻近，如黄渡、白鹤港等处，有一蔬类，曰罗汉菜，大小与马兰头相似，根际略有红色，用盐腌食，味颇清脆。

腌金花菜

金花菜腌法，略同他菜，愈嫩愈妙，宜摘净其老叶而勿贪多，盐之外，助以甘草、橘皮等，使甜美适口，芳香扑鼻。

萝卜干

切萝卜成条风干后（晒干亦可），用水洗濯一过，置小瓮中，加熟盐、花椒、橘皮、茴香，紧塞密封，越四五日，即可取食，历久不坏，味绝松爽。

酱萝卜

择肥大萝卜切条，酱一二日即吃，甜而且脆，至为适口。

酱瓜

将生瓜或王瓜、香瓜，择细小柔嫩者，剖开去瓤，以盐腌之，风干入粗酱（即麸皮酱），撩起略阴，再入细酱，则皮薄而皱，清脆异常。

甜瓜

夏日用香瓜或王瓜，去瓤切块，以盐擦之晒干，入陶器中，加盐、糖、醋腌数日即熟，以之佐餐下茶，颇为清爽。

酱姜

秋日买嫩姜（俗名小姜姜），刮皮微腌，先入粗酱缸中一二日，再以细酱酱之，啜白米粥最宜，唯须略洗，去其酱滓。

腊豆腐

腊豆腐，一名鲜毛乳腐，用豆腐底切作四块，成小方形，置竹甋中，承以荷叶，严密盖好，越十余日出毛，乃用小氅将腐底放入，每铺一层，撒盐一回，相间匀撒，以期均平，末加橘皮、花椒、红酒，以提香透味，如欲特别鲜美，则再加香菌汤一大碗，尤佳。约两旬余可吃。此物天热则臭，日多则坏，顾名思义，不可过时也。

笋脯

笋脯以家园所制为佳，鲜笋去箨，纵剖为数片，用清水、盐、糖煮熟（用酱油亦可而色微黑），起锅晒干，细切成薄片，储器备用，味甜而鲜。又法，用水煮熟，撩起，蘸酱油及糖少许，盛以铁丝网，置大脚炉上熏之，下炽木屑最妙。熏毕，放瓷器中备食。

造酱油法

黄豆一斗，浸一昼夜，煮烂，和干面十斤，贮竹扁内，盖好，七日发霉成块，干晒数日，入缸，用盐十斤，以清水冲匀，日晒夜露，每晨手掉一次，逢雨必盖，下午不可动。越数日，再用盐十斤，放汤换大缸冲和。又晒十余日成酱。抽油用竹丝气筒，插入酱内，将沥入气筒内之酱油提出，便是元油。

造甜酱法

蚕豆二升，用水浸软，去壳煮烂，和干面十斤搓匀成块，俗名黄子，沸水煮熟，捞起晒干（亦有不再煮而即晒者），入竹器内，用柴薪密盖，七日发霉，将黄子剖为小块，晒三日，用盐四斤，滚水冲和，与黄子同入缸内，日晒夜露，每日清晨翻掉一次，并以手揉碎黄子，使细腻匀净，晒十数日便成甜酱。唯晒时不可动，动则变味而酸。下酱须得烈日，天将雨，宜注意加盖。因下酱后无太阳，或雨点渗入，则缸中起泡而酱坏，甚或生虫。谚云，"一点雨，一条虫"，不可不慎。黄豆酱不去壳，加水煨酥，和面粉搓之成块，余法同上。

做糟法

糯米煮饭盛起，俟冷买甜糟，和盐捏散，加米粉，放甏中，隔六七日，起卤可用，用时或单独炖食，曰炖白糟。外如小鱼、豆腐、螺蛳肉等，均可同炖，味并适口。

制辣酱辣油法

购红辣茄数斤，切细入磨，研汁下锅，加水煮数滚，见深红色上浮，则茄之精华也，撇起，另盛一器，是谓辣油，可备调和羹馔之用。锅底所余之渣滓，即辣酱也，可为冬馔作料。又法，熬热菜油，先将磨出之汁，入锅焙之，以提出辣茄之油气，然后加水煮之，则辣油上浮较易且多，而辣酱亦可速成。

腌咸桂花法

桂花选净，泡以沸水，沥干后，重和食盐，又将双梅捣扁，平铺其上，使桂花常色黄如金，香浓扑鼻，团馅糕面，取以点缀，既饰观瞻，且益得味，唯用后仍须将双梅盖满，以免变色。

小食类六

猪油松糕

猪油切成小块，用白糖腌一二日，糕粉入甑已半，撮油五六块加入，上复盖粉，余法并同松糕。

炒米糕

炒米磨粉，和糖成糕，制法并同松糕，唯如用脂油，须熬汁加入，不宜用块，甑亦与做松糕者同，唯每块中间，更划一不到底之浅缝，界如鸿沟，可分可合。

定胜糕

定胜糕略同松糕，唯不用甑而用模型，粉既填足，铺纸刷平，再用绢筛，筛颜色粉于其上，则盖面灿然悦目，鲜艳可爱。蒸熟后，如须题句，再以毛笔蘸颜色水，相间书字，更觉光彩缤纷，非常艳丽。此糕唯喜事用之，故题句多用吉语。

做糕饼，刊载于《中华》1941年第102期

放糕

欲知制放糕，须先知做酵之法。做酵之法，向馒首铺购酵头，用清水及薄粥等做开，如不易发酵，可略加烧酒，明日见起沫如泡，倾饭箩内，下承以钵，沥卤其中，所余箩内之渣滓，用面或麸皮，以手捏之，使黏合成团，一一做就。

晒干，包好备用，此做酵之法也。至做放糕，则将面粉倾瓦钵中，和以糖（红白糖均可），将上所述沥出之卤倒入淘匀，甑底铺荷叶，将面倒上，用手揭平，面傅糖水约二三小时许，酵至起泡，然后炽火蒸之，用箸插入不粘则糕熟矣。起锅略冷，切块。如欲饰观，可于初起锅时，加红绿丝及瓜子仁等。

豇豆糕

纯糯米磨粉，将豇豆煨酥，连汤和糖入粉中，揉匀成长方形，每块切纹，或梭子式，或条头式，蒸熟供食。大约粉一斗，用豇豆一升、红糖三斤。

豌豆糕

豌豆糕做法同上。

木梳糕

粳糯米各半，磨粉和糖水揉黏，成小长条形，中阔而两端微狭，形似木梳，入热油中煠之，频频翻转，使两面显同等之黄色，至火候过半，略洒清水，则糕软而不焦。

鸡蛋糕

鸡蛋糕亦可自制，法将鸡卵十枚，取其黄白，分别捣薄，同入一器搅和，然后以小块甜猪油（先期用糖腌成）及面粉七两、白糖十二两拌匀，蒸熟切块，较市集者，别有一种风味。

团子

团子粉通例，八成糯米，二成粳米，同时淘熟磨细，用头密绢筛，筛出其粉，则白净而滑腻，和水揉匀，摘而捏之，愈薄愈妙，放馅其中，包紧搓圆，入甑蒸之。团之适口与否，全视乎馅。

馅有多种：

一，糖馅以赤豆为之。将豆煮熟，熟后即入锅揭碎，入布袋揉干其汁，倒出炽火加糖搅匀，是谓不净沙之糖馅；熟后置饭箩于锅中，连汤入箩调捏，使精华随汤入锅，渣滓存箩，再将锅内之质，用袋沥净，用糖煮和，是谓净沙之糖馅。大率斗米之馅，需糖一斤半，至少一斤。

二，萝卜丝馅。萝卜去皮刨丝，热锅略焙，以去臭气，加葱酒拌之，出水洗净，熬油置钵中，拌后，放酱油及盐，入粉团中作馅。

三，肉馅。鲜肉去筋骨斩细，以冬笋、香菌、虾仁、木耳等同拌，和以酱油。

四，曰野菜馅。将野菜洗净，煮一滚，出水切细，置钵中，加盐油拌之。

五，曰菜馅。腌菜洗净切细，加笋屑，菜油拌和，以雪里蕻为最鲜。

黄团黄饼

南瓜削皮去子煮烂，和粉揉黏，有馅而圆者曰黄团，无馅而扁者曰黄饼。

青团青饼

南瓜叶捣汁，和粉包馅作团，或捏成圆饼，蒸后蘸糖食之，并色似碧玉，青翠可爱。

菜扁圆

青菜（无鲜菜时腌菜亦可）细切，用荤油及盐焙之，略熟加水煮一滚，乃下扁圆。所谓扁圆者，和水揉黏，捏成扁且圆之小饼，下锅后煮至纯熟为度。

小圆子

吴下旧习，元旦及正月十五夜，必做小圆子，先供灶供祖，而后自食，取团圆吉利之意。法以米粉和水揉匀，搓成小圆形，入沸水中，加盖再煮一滚，连汤盛起，加白糖一撮。

粽子

粽子即角黍。淘白糯米极熟，带水放粉桶中，将箬叶折叠成三角形，而空其上面，撮米储入，以箬尖包之，湿薪束之，宽水（欲其易熟，须放碱数撮），多焖，使透熟而腻。

白水煮者色白，曰白水粽；灰汤煮者色黄，曰灰汤粽（以豆壳灰入布袋，封口放汤中）；和赤豆同淘同裹者，曰赤豆粽，并须蘸糖食之，较为有味。其下米时，间以夹沙馅、甜猪油、火肉块（亦有即用肥火腿，细切和米中，尤得肉与米化，腴润肥泽之妙）、红枣者，曰夹沙粽，曰白糖猪油粽，曰火肉粽，曰枣子粽，粽之特别精制者也。

枣饼

将黑枣煮烂，去核去皮，和入糯粉搓匀，大约粉一升，须枣子四两许，以瓜子、胡桃、猪油、龙眼等，细切成丁作馅（俗名百果馅），或径以猪油夹沙为馅，亦佳，捏成饼，更放入雕花木模内，印成花纹蒸食。

韭菜饼

韭菜切细，用盐略腌，入面粉中调匀，用油熯熟，频频以铲刀翻转，起锅前截为数块，盛碗中供食，味绝香美（其他糖面饼、盐面饼等法，并略同，兹不赘述）。

干巧饼

粳米粉和糖揉匀，作成极薄小饼，入油中熯熟，储器备食，性耐久，不易坏。

南瓜饼

将南瓜削皮去瓤，细切成丁，拌以面粉、白糖、猪油，摊成薄饼，入沸油中煎熟。又法，将南瓜煮熟，入米粉中揉匀，捏成薄饼，实以糖馅，熬油煨熟。

麦芽饼

冬日淘麦子，浸一日夜，出水，倾竹箩内，上盖柴薪或手巾等，使发热生芽，四五日而全出，晒干贮木器中，二三月之交，摘石灰、草子染头草煮烂，将麦芽和米（粳糯均可）磨粉，以草头同拌之，揉匀成饼，用猪油夹沙或百果为馅，入油锅煨之。煨后外傅滚水冲过之糖油，即可食矣。

炒米饼

将粳米、芝麻炒熟磨粉，阴一二日（即阴亦可，略阴则省油），加脂油、白糖溲之，使油粉糖融合匀净，入模型中印之，或方或圆，或桃子，或梅花，或秋叶，其式不一，花纹亦各别，均随木模而异。大抵一升粉，需用脂油六两、糖半斤。芝麻取香，多少不拘。炒米饼以荤油印为最佳，其次则芝麻粉，又次则单用白糖或红糖，印法同上，唯溲时用薄荷水或冷茶。

蛋炒饭

预将蛋之黄白及火腿丝，倾碗中，用筷调和，乃以猪油入锅熬透，下饭及盐少许，同炒片时，再加蛋炒之，蛋略凝合，便可起锅。

八宝饭

垫荷叶于甑底，将已淘净之糯米，平铺其上，武火蒸透，继以熬熟之猪油及糖，拌和其中，再用猪油、蜜枣、龙眼、莲心、瓜子、红绿丝等，细切成丁，和以白糖，匀置于各碗底，其上满盛已拌油之饭，亦有中间复以夹沙为馅者，尤见讲究，终乃加盖复蒸。食时，逐碗反倾于碟上，色既灿烂夺目，味亦腴润香甜，允推点心上品。

鸡豆粉粥

将鲜鸡豆磨碎为粥，柔软适口，陈者亦可，唯滋味较逊。

饭衣

白糯米淘净成饭，另锅煮热，取饭摅之，愈薄愈妙，俟匀净熨帖，用铲刀徐徐起出，置器中，再三取饭摅之，连续至饭尽而止。此物有二难，一为摅手，一为烧手，摅手宜不疾不徐，恒久用力，烧手宜不烈不衰，勿偏一处，稍或不慎，非焦黑即块垒，而味失矣。饭衣既成，食时，加白糖，用滚水冲开，柔软香润，入口而化。至揭饭衣时所余韧质，可作麻团，居家者即蘸糖食之，不复另制，以为物无几也。

黄浆与小粉

麸皮漂净成面筋后，其凝于缸底之渣滓，滤净之即成小粉。法以粉桶一，上架二木，置大饭箩其中，倾渣滓于箩内，留存箩底者为麸壳，可饲猪，其下淋于粉桶内者为粉汁，取汁入锅煮熟，频以筷搅之，渐黏凝如藕粉状，起锅加糖食之，滑泽细腻，别有风味，是曰黄浆。汁之余剩，于粉桶内，久而凝聚，乃倾去桶面之水，而利用其底质，是曰小粉。小粉晒干后，可为洗衣之用。

炒米粉

白粳米相糯米十分之三，淘净炒黄，磨粉略阴，入锡器中，其性甚涨，食时只取四五调羹，加糖一撮，沸水冲下，以筷搅匀，即成一碗。特别者加熬熟脂油，味尤腴美。

炒麦粉

小麦略淘，和糯米炒熟磨粉，筛去其渣滓，加赤砂糖，开水冲和，用筷调匀拌食之，上口颇香，唯不宜多吃，不可久放。

藕粉

藕粉以自磨者为佳，滚水冲开，用筷不绝搅之，至粉腻色明为度。

粉汤

新米入市，淘净磨粉，放清水于锅中，将粉倾入，炽火煮之，频用筷连调不已，至粉熟而腻，即可起锅，欲甜则糖，欲咸则盐，均于未起锅前加入调和。

南瓜面粉

南瓜、猪油、虾米，细切成丁，在沸油锅中略焙，续加面粉，关盖煮烂，使四物融而为一，上口极佳。菜面用腌雪里蕻菜（他腌菜亦可下面，而此最鲜），切细，油中略焙，将面加入，宽汤多焖，成糊涂面，所费无几，而味亦不恶（其他尚有青菜面、胭脂叶面等，因法略同，故不赘）。

湖葱开阳面

将湖葱寸切，与开阳（即虾米）入锅同炒，油宜略丰，俟色黄而香，盛起另贮，将面宽汤下锅，而以湖葱开阳分置各碗，其上加面，用筷拌转供食，厥味极佳。

虾仁面

鲜虾去壳存肉，如法炒熟，和入面中，以虾汤浇拌之，味甚美。

肉面

肉面有三法：一肉丝，一块肉，一肉片。照通常法，加作料煮好，分盛各碗，下面后，以筷拌之，法同上（此外尚有三鲜面、鸡面、鸭面、鳝丝面，大率皆先煮成肴馔，和入面中，不复备举）。

油氽香蕉

面粉和白糖冷水调匀，将香蕉剥皮切段，滚粉一回，入沸油中氽之，风味颇佳。

玉兰片

米粉和糖或盐调匀，将玉兰花瓣，去衣蘸粉，入沸油中氽之，以色黄上浮为度，味极松脆。

氽糕干

熟年糕略蒸，阅七八小时，切成薄片，晒干，熬油使沸，将糕片入锅氽之，以上浮油面，色黄而松为度，随好随盛，勿使过度而焦黑，起锅置羹篮内，下承以碗，干冷食之，味甚香脆，与云片松相似。

米花

糯米淘净磨粉，加白糖溲匀蒸熟，力揉使黏，再摊成薄片切块，乃以剪刀剪成八吉、兰花、蝴蝶、蝙蝠等形，此虽食物，亦寓美术思想，巧者形形色色，无不惟妙惟肖。剪好后，放竹匾中，日晒夜露约半月余（不晒不露，即时余食，亦可，唯费油较多耳），照糕干法余之，松脆异常。

油鸡

油鸡以家庭自制者为美，市沽者粉粗而味咸，无当也。法用面粉而引以酵，略如做放糕例，酵既至，和糖揉黏，摊薄切块，上撒黑芝麻少许，剪成各式，如米花然，照通常法余之。

云片松

将白云片糕，逐片揭开，以油余之，加白糖少许，上口脆美异常，名云片松。风枵水浸白粉，制成小片，薄如绵纸，炙以猪油，起锅加糖糁之，其色洁白如雪，入口而化。

油酥饺

面粉和水搓匀，用滚棒摊成薄片，以茶碗口截成圆形，切肉和笋屑、虾仁、木耳、香菌、虾汤为馅，或夹沙糖，裹成半月状，扭合处卷作绳索形，放熬热之荤油中，煎至色黄为止。

水饺子

水饺子做法，略似油酥饺，唯扭合处不必作绳索状，不煎以油而煮于滚水中，与下馄饨同。

包饺子，1943年

杜裹馄饨

向馄饨店买现成面皮，斩肉极细，用虾仁、油酱拌和为馅，裹而煮之，预放姜屑、盐花、紫菜、蛋皮等于各碗，俟馄饨熟后，连汤加入，以调羹调和，便可供食。

煨蛋

鸡蛋略碎外壳，放热火灰中，约一刻左右，觉有香气外溢，则蛋已熟，上口极香，别有风趣。此法只可为游戏小食，而非正道，然夜长宵深，腹笥空空时，得此疗饥，亦一简便法也。

熏毛豆

鲜毛豆去壳，清水和盐煮，一滚盛起，将炭基烧红，入大脚垆中，架木竿二，放豆于铁丝器内烘之，以干为度，贮锡器中备用。

熟藕

将藕洗白，每段切盖，灌米于孔，削竹签扦之，煮时加水，略用碱，取其易熟。起锅切片，蘸糖食之，亦有煮时即放糖者，曰糖藕。

鲜菱

八九月间，购青光头菱、小红菱（菱之种类，以此二者为最佳），用水洗之，浮面者为嫩菱，可生食。余则加水煮烂，有松子仁香。

芋艿

芋艿去皮，先煮一滚出水，打去黏丝，和碱加糖煮之，曰糖芋艿，为秋日佳品。亦有将芋头晒干贮器，春间煨熟剥白，蘸糖食之，亦佳。

莲子汤

湖莲用热水泡，去皮抽心，入罐加水，紧闭其盖，约两小时余烂熟，放白糖食之。

盐炒瓜仁

夏令吃西瓜，收集弃下之子，淘净晒干，剥肉焙之，以松燥勿焦为度，撒椒盐（糖亦可）少许，较松子仁有过之而无不及。

制凉粉法

制凉粉有二法：

其一，购洋菜若干，浸冷水内约三小时，撩起倾锅中，加水煮烊，承以瓦钵，置井水内凉之，安放处亦宜在冷僻地方，待其凝合，用调羹盛碗内，加熟薄荷水，及白糖少许，明净滑泽，沁人心腹。大约洋菜四十文，可成凉粉一大钵。

其二，则用来年木瓜子盛以布袋，放已冷之热水中，再四搓揉，以出其液，至水色混浊，子肉粉烂而止，又磨莳菇黏汁，加入水内以资点浆，未几凝结，即成凉粉。

原载《妇女杂志》1915 年第 1 卷第 10 期

余家食谱

知味

时交夏令，溽暑逼人，卫生不慎，疾病随之，其中最为紧要，与人身有莫大之关系者，厥惟饮食，吴下观音斋之风，海上慎食馆之设，良有以也。盖天气炎热之际，饮食各品，宜求清新鲜美，最忌厚腻甘滋。鄙人生长乡间，家承寒素，山珍海味，平时不列宾筵，土产园蔬，尽足饫我口腹，故一食一啄之需，大都取给家园，而不藉市脯沽酒也。兹将余家夏令饮食之品，类举数种，并附烹制之法，质诸当世卫生大家，倘有未尽适宜者，愿得闻而改良焉。

肉类

自制风肉

此肉制法，于去冬正腊时，选豚之肥厚肋条若干，高悬透风之檐下，一任风吹日炙，唯不可淋雨。俟其侵蚀已久，则肉内之油质已除，夏时食之，肥而不腻。煮法清烧，只加盐、酒、葱、姜，不用酱油，水亦宜少量。

自制腊肉

此肉制法，于去冬正腊时，选豚之后蹄而肥者，不必洗净，用飞盐擦之，擦至盐味透入为度，储藏缸中，再加花椒，匀铺飞盐于上面，用石压之，缸口亦须盖密，不使空气侵入，隔去六七日，须复盐一次。来春清明时节，取出晒之，晒过数次之后，洗净再晒。夏时食品中之最佳者。此肉烹法有二种，法甚简单，一汤煮，将肉切下一块，去其皮并腐败之面，用新鲜豆腐衣泡软而包裹之，防泄真味也。置于砂锅中，注以充量之水，和以生姜料酒，用文火煮之，约历二小时，便可食。唯须去其外包之腐衣，味香而鲜，汤亦可口。一干蒸，将肉切成薄片，匀摊碟中，加姜、酒各少许，上覆大碗，隔水蒸熟，味亦颇佳。

雪制鲜肉

雪水制法，取去腊落下之雪，和之以盐，储藏瓮中，封固其口，来春取出，即成雪水。欲制此肉时，可将雪水取出一盂，浸肉其中，约一昼夜，倾去其水，置肉锅中，注以适量之水，加姜、酒少许，煮之，汤清肉美，其味甚佳。

菜干爆肉

菜干制法，将冬间所腌之白菜，或雪里蕻，榨去咸汁，曝之日中，干后切之成屑，加入真正新会皮并花椒（用绢包裹）

等煮之，九煮九晒，制就后，藏诸瓮中。用时取出，再加姜、糖、菜油蒸之，次数愈多愈妙，不嫌柔软，但求透味可也。此肴煮法，取肥瘦参半之肉，切成小块，先置锅中，和以姜酒，用文火煮之，沸至三四次，将菜干加入再煮，至适度为止，油味既入菜干，肉自不觉厚腻，夏时食之，颇觉适口，且能耐久，不易腐败，诚佳品也。

米粉蒸肉

米粉制法，将糯米七成，粳米三成，加入砂仁几许，同炒至黄色为度，磨之成粉，然后可用。煮法先将选购之精肉，切成牙牌形之小块，用上好酱油酒浸透，再以葱屑、姜末加入，按块将米粉涂之，置于竹垫上蒸之，和粉取食，香美绝伦。

腐衣包肉（一名黄浆）

制法取肥三瘦七之豚肉，切之为醢，和以姜末、葱屑、料酒、酱油等料，搅之使和，更用新鲜豆腐衣，以温水泡软，包肉成卷，隔水清炖，熟后加香菌、青笋，落汤煮之，味亦清美。

清拌肉丝

将精肉切成细丝，加入姜酒，并撒盐少许，煮熟，更以绿豆芽若干，去其头尾，投入沸水，至透明为度，和以青笋丝、香腐干丝，与肉丝同置一器，外加虾子酱油、小磨麻油同拌，清香爽口，亦美品也。

酱乳腐蒸肉

取肥瘦参半之肉，去皮切片，以乳腐捣烂，匀涂其上，两面夹以香腐干之薄片，以新鲜腐衣包裹，加酱油、酒、葱、姜等料，并青笋、香菌，隔水蒸煮，真异味也。

虾子肉片

将肋条肉，加酒与水煮之，至沸捞起，以冷水洗之，再置锅中，稍入盐花与酒姜，复煮之，火候既到，切之成片，浇以虾子酱油，微加麻油，味亦可口。

鱼类

腌糟鱼（自制品）

制法于正腊时，将青鱼批去鳞甲，挖去肠脏，不必洗净，用飞盐腌之，可与腊肉同腌，或鲤鱼亦可。至春取出，洗而曝之，至干切成小块，用酒酿涂之，储于瓮中，封固其口。至夏时取出蒸之，蒸时须加葱、姜、白糖，愈蒸愈妙，亦夏令之食品也。或购肆中腌鲤鱼制之亦可，唯其味不如自制者。

鲜糟鱼

将青鱼切之成块，不必洗净，以大酒糟和盐涂之，置于盂中，约历数小时之久（天热宜暂），取出洗去其糟，置诸镬中，注以适量之水，加葱姜煮之，唯不可多煮，亦为佳品。

熏炙鱼

不拘青鱼，鳜鲈皆可，须选肉厚者为佳。制法切片囫囵均可，视鱼之大小适宜为断。唯囫囵者，须于鱼背上多划刀痕，先以顶上酱油与元酒葱姜调和，将鱼浸透，取出吹干，煮时将脂油入锅浇沸，以鱼倾入，不论熏炙，总以煎透为度。煎透之后，随即起锅，炙者重置锅内，加入酱油等料再煮，一次可食；熏者置之铁丝网上，以柏树屑燃火烘之，唯烘时，鱼上须时以酱麻油润之，既解火毒，复增香味，勿令焦黑，至透味为度。

砂仁虾球

选购水精活虾，去壳，以酱油酒浸透，加鸡子清、砂仁末、葱屑、姜末、面粉，视虾之多少，而适量加入之，搅之使黏，结成球形，入荤油锅煎透，撒些白糖，其味可口。

黄花鱼松

初夏时上市之黄花鱼，价值甚贱，选大购好若干，去其头尾与翅，洗净晒干，用好高粱润之，藏诸瓮中，封固其口。盛夏时，可用以制松。制法，将鱼切碎，置油锅中煎之，至松脆为度，捞起沥干油滴，抽去脊骨，磨成絮状，用香料末及糖醋炙之，拌炙至干，其味尤美。此肴余家常食之，取其值廉而可口也。

面涂鲞

将鲞鱼切成方块，重用葱糖蒸之，复取面粉，和水并葱屑、姜末同搅之，使成厚浆状，匀涂鱼上，以油煎之，至松脆为度，味颇适口。

蛋炖鲞

将鲞鱼切成小块，加葱、姜、料酒先蒸之，后以鸡蛋二三个打烂倾入，稍蒸即可。若喜汤者，加水少许搅之，其味鲜美。

蔬果类

自制凤头春（芸薹菜）

选初苗之嫩苗摘下，少加盐以腌之，压诸缸中，越数时榨去水分，略曝日中，稍干，再加适量之盐腌之。越数时，储诸瓶中，固封其口，置之稻柴灰中。夏时取食，色黄而甘美，经食醒酒下饭，或以之点汤佐馔，美不可言。

自制嫩椿芽

夏初椿木芽萌，至二三寸时摘下，以盐腌之，略如制芸薹，唯须多晒，藏诸瓶中，夏时食之，亦觉适口。此菜据说多食动风，少食亦无妨也。

自制罗汉菜

制法与芸薹同，唯须加以橄榄少许，味更甘美。

自制金花菜

俗名草头，制法亦与芸薹略同，唯复腌后，即当储之瓶中，不必曝之于日，稍加鲜笋，其味倍佳。

自制香萝葡

先将萝葡切之成条，摊薄晒之日中，八分干后，洗净，用盐腌之，压于缸中，越白复腌，杂以茴香、甘草等末，和而储之于瓶，亦夏时适宜之食品也。

自制鲜笋干

将春笋破之成条，以盐腌之，日中晒干，储藏瓮中，夏时取出，以之煮汤佐馔，其味与鲜者无异，亦佳品也。

自制甜咸酱

以大豆拌炒成黄，磨之为粉，和以面粉而抟之，置竹垫而蒸之，切成小块，腌之使黄，风中吹干。先以缸盛充量之水，融于盐中，晒之日中（大约酱黄每斤用盐四两），至三四日后，乃酱黄，越二日搦块使烂（用此手续须在清晨），日间曝之，夜间露之，七日后即成酱。甜者同制，唯盐量稍减耳。如不用大豆，蚕豆亦可。家中制酱一缸，可得无数便利，以下各种酱菜，尽可随意制就，故余家每岁必制也。酱制刀豆、酱制嫩姜、酱制小茄、酱制胡瓜、酱制苣笋、酱制萝葡，以上各种酱菜，须先以盐腌之，榨去水分，然后入酱缸。

酱制瓜丝饼

此饼，以生瓜刨之成丝，以盐腌之，去其水分，抟之成饼，日间晒之酱面，夜间埋于酱中，九酱九晒，然后可食，其味颇美。

醋制藠蒜

此即薤根也，有赤白二种，余家食白者，将薤去青留白，以盐腌之，稍曝于日，复以糖醋渍之，唯须多过时日，方可取食。

醋制独蒜

将大蒜头剥去外层老衣，以盐腌之，再加糖醋，浸须多时，愈陈愈妙。

洁净菌油

即蕈油。此种鲜菌，乡间竹园茅草中都生之，形如伞状，面白里红者（淡红色），无毒，可食。先将此菌置于水中漂净，更以盐摩擦之，去其黏液，更以水洗之，沥干净尽，以菜油或麻油沸过，入上好酱油浸收，久藏不坏，以之入馔，味美无比。

山药脯

取阔而扁之山药，刮去其皮，切之成片，先置豆油中沸过，杂以香蕈、青笋、毛豆同炒，和以白糖、姜末、秋油煮之，至透味为度，殊适口也。

菘菹芋

先将菘菜拣净，以水洗之，稍加以盐，轻轻揉之，榨去水分，细切成菹，复以马铃薯刮去其皮，切成小块，注水烧之，烧沸一二次，沥去其汁，加以姜末和盐糖与菹同炒，煮沸可食。

素黄浆

取嫩菘菜若干，加盐少许，以汤略煮，取而榨去其水，切成细屑，和以香头、腐干与青笋屑，加姜末、笋油以搅之，略加麻油，以取香味。复以豆腐衣泡软，包裹成卷，落汤煮之，加入秋油、麻油少许，清鲜可口。

清蒸茄

取嫩茄略加盐花而蒸之，用新甜酱和糖醋而蘸食之，其味甚佳。

素三丝

先将腐干丝置油中沸过，和生瓜丝、青笋丝同炒，略加姜末，以酱麻油拌之，其味亦佳。

椿芽拌豆腐

将嫩豆腐略加盐花以去其水，复以盐制之，椿芽切细加入，以酱麻油拌之，清而有味。

清炒豆芽

将绿豆芽去其头尾，加清盐炒之，或和盐菜同炒亦可。

自制熏笋

将春笋破之成条，和以酱油、白糖煮之，匀摊铁丝网上，用柏树屑火烘之，香美可食。

自制青豆

将嫩毛豆剥去其壳，加适量之盐，以汤略煮，随即捞起，勿令变黄，匀摊铁丝筛中，以柏树屑火烘之，味美而清，可以佐酒。

食点类

淡制苡仁粥

取苡仁和糯米，注以充量之水，煮至糜烂为度，食时可加入薄荷汤二三匙，喜甜者，再和白糖少许，夏时食之最宜。

咸制腊肉粥

将好腊肉一块，去皮与浮面之腐败者，下锅注水煮之，外加姜酒等料，煮沸三四次，取起切成细丁，和糯米入锅同煮，至糜烂为度，食时加姜末，其味无穷。

薄荷绿豆汤

先将绿豆和水煮之，至沸后，加入薄荷少许同煮（薄荷须切细以绢包裹），煮沸二三次，豆皮已裂，捞去薄荷，加入白糖，食之味佳。

桂花糖圆

将纯糯米粉，和以糖制之桂花，稍加砂仁末，抟成小圆如莲子大，先煮沸水，以圆倾入再煮，至沸可食，芳香适口。

虾仁水饺

选购水精虾若干，去其壳，和以少许精肉，细切为醢，加些葱姜，以秋油、陈酒搅拌之，使和味为度，再取上白面粉，和水抟之，分为小团，滚之使薄，储以虾仁为饺，先煮沸水，后置饺其中，煮沸取食，鲜美异常。

薄荷窖糕

取粳米六成，糯米四成，和而淘之，摊匀吹干水渍，磨之为粉，更以适量之水煮沸，融白糖于中，注入粉内，搅之使和，以粉不结团为度，故注水之多少宜注意也。再取薄荷叶洗净，匀铺糕甑之底，装置米粉于其中，隔水蒸之，至甑面粉熟为止，切成薄片食之，甘美清洌，沁人脾胃，亦佳品也。

蟹粉面饺

将蟹之壳坚者，加酒姜煮熟，碎其壳而剔其肉，和精肉为醢，和以姜末，调以秋油、元酒搅拌之，以上白之面粉为衣制之，置于蒸笼而隔水蒸之，味亦美。

桂花炒米糕

以等分之粳糯米，炒黄磨粉，用绢筛隔之，去其粗粒，再以糖制之桂花露和之，加白糖汤，少许搅拌，宜略干润，不令凝结，取木质之印板，范之成块，轻置铁网，以火烘之，不令焦黄为妙。烘好后，久藏不坏，食之味甘，入口即化，以之充点，亦属佳品，余家常制之。

砂仁薄脆

先将脂油熬成流质，加于面粉之中，再加少量之水，和以砂仁末，并葱屑、姜末、盐、糖各料（盐宜少量）抟和之，搓之成条，切之成块，末以滚筒滚之，使成薄片，置于铁网烘之，烘时润以小磨麻油，香美可口。

饮料类

自制青蒿露

青蒿随地皆有，制露以新鲜者为佳，余乡野生者尚有，唯采者多而出产少，寻觅亦颇不易。余家每届夏季，必遣人采觅，计重收买，每斤约五六十文，已较前为贵也。收买后，去根洗净，曝日使干，迨至初伏，制之为露，储藏瓶中，以供夏日之饮，可祛暑气，小儿夏令之要品也。

自制忍冬花露

俗名金银花，此花为外科要品，性凉解毒，能行全部筋络，亦野生之植物也。

自制夏枯草茶

此草形如棒槌，故俗名棒槌草，开青莲色之花，亦野生之植物也，性能清解血热，唯无香味，取以为茶，殊不适口。余家发明一制法，将此草切细晒干，杂以野蔷薇之花同拌，亦觉芬芳可爱，余家夏日常以此饮品，且以之供宾客，无不赞赏。

自制大麦茶

此为农家之饮品，将大麦去壳及芒刺，炒之使焦黄，沸水冲之，用以解渴，既解湿气，又觉清香，亦夏时饮品之佳者，余家有时亦用之。

自制猫眼青

即陈元白酒，此酒较市上为厚，每糯米一石，只制酒二三担，冬间制就，储诸瓮中，以好糟烧二斤，加封口面，外涂以泥。至夏间开瓮，色青如猫眼，因以名之。味甘而清洌，胜花雕阳湖多矣。余家年制之。

自制玫瑰烧

糟烧初出甑时，以新鲜玫瑰花和冰糖置瓮中，以热烧酒冲下，封固其口，夏间开瓮，清香透鼻，饷客自饮，俱为美品。

自制桂花

烧制与玫瑰烧法同，唯易以桂花耳。

自制木瓜酒

亦以糟酒制成，唯可祛风湿，饮之有益。

原载《妇女时报》1915 年第 17 期

癯庵食谱

梅癯

民以食为天，故礼始于饮食。自庖牺氏教民佃渔畜牧养牺牲以充庖，燧人代兴，钻木取火，神农艺谷，蒸民乃粒，饮食之道，历数圣而后大备，养生有方，不綦重欤。后世穷极奢靡，罔恤暴殄，割剥戕伐，拂逆物性，以求餍一饭之欲，遂至日食万钱，犹苦无下箸处。遐想先民，感慨系之矣。清袁氏号子才子，以才自雄，喜宾客，日高文酒之会，浆酒癯肉，奉养倍至。晚年有食谱之作，朵颐者按图索骥，馋涎垂垂，莫不竞相效法。然亦有言之成理而食之无味者。维余生平食指妄动，罔识异味，幸遭世承平，不耕而食，粟米果蔬鱼肉亦未尝一日缺也。爰集所知，录而待用，但辨真味，不问雷同，以不厌精细为宗，以矫揉造作为戒。

胪列品类，研究烹饪，而上溯先代始为饮食之人，尤切思源之慕，大羹玄酒，享祀所先，酝酿深醇，清酌攸赖，泉不求其芳洌，味乃等于横污，取绘事后素之义，叙水类第一。

黍稷之馨，用表明德，岁一不登，民乃洊饥，足食必裕仓储，谈道且在秭稗，本重农贵粟之经，叙谷类第二。

陆羽一经，卢仝七碗，解渴涤烦，消融渣滓，虽啜苦而咽甘，归煊烂于平淡，叙茶类第三。

夙沙煮海，汶山煎石，行炙和羹，五味之主，功高调剂之能，位重食肴之将，叙盐类第四。

春初早韭，秋末晚菘，清真不俗，造化奇功，彼哉肉食，徒为腐肠之药，叙蔬类第五。

雨露潜滋，触手芬馥，调制维良，历久不溃，适口解酲，何必瑶池之种，叙果类第六。

刑马尝犬，已成禁脔，品重牲牢，犹曰六畜，非上古之饮血茹毛，有列鼎之煎熬燔炙，无故不杀，市脯有戒，叙牺牲类第七。

雎鸠之官，实掌田猎，兽虞给鲜，用佐宾祭，割之烹之，献腥献熟，人为万物之灵，乃弱肉而强食，叙山珍类第八。

汤网宏开，犹存一面，小鲜之割，弋人之慕，昼飞鸣乎林皋，夕调和于鼎鼐，滑可流匙，物求其备，叙林禽类第九。

随波泛泛，与人无争，孰使尔味，乃极肥甘，唯口腹之有欲，遂幽栖而弗宁，鸣姜荐菹，宛转刀砧，叙水禽类第十。

沧沧潡潡，无不容纳，品味维蕃，宾筵罗列，深历乎浩杳之区，而无逃窝切之惨，价重郇厨，付诸脯捄，叙海错类第十一。

青山红树，烟波钓徒，以时荐之，味外有味，得且忘筌，馁则不食，叙江鲜类第十二。

赪尾空劳，横行无益，染指兆乱，滔滔皆是，我有嘉宾，不问许事，叙寻常水族类第十三。

以香以色，奉为至味。式舞式歌，爰适我兴。有药曰狂，是乡称醉。荷锸风流，凿瓮盗窃。仪狄作俑，神禹屏绝。而乃歆神，人隆孝养，藉以合欢，用以成礼。唯至圣之时中，斯无量而不困，记在终编，非敢逞臆，敬告司宾，监于沉湎，叙酒类第十四。

梅癯氏曰，余诠叙饮食之事，曾经醉饱者言之津津，得诸传闻而未经亲试者，亦并著于编。虽不免为饕餮氏之游民，然口之于味，固有同嗜，品节之而得其中，是在君子。

水类第一

雪水

于积雪最深厚处取之，贮瓮中备用，埋置地下，逾年且能已风热。不洁不取，春后不取，重卫生也。

无根水

置盆盎于天街无障碍处，仰承甘雨，至清至洁，性味和平。夏雨、梅雨、檐溜雨、久晴后新雨，皆不取，

泉水

泉为山脉，性寒而味腴。中泠第一泉在金山下，不可骤得。

无锡惠泉称第二，质颇厚重，满贮杯外，近一钱厚，竟不外溢，味亦醇醇，非恒流所及。

以上三种为烹茶、和药、酿酒之隽品，若污以油浊，屈作羹汤，不唯煮鹤焚琴，抑且同流合污。

井水

井有甘苦之别，苦井绝不可饮。井所以竭于甘也，其性冬温而夏寒，用途颇广。唯淘漉宜勤，盛暑及久未淘漉者，宜以过水器或细箩加矾汁澄清而用之。

江水

江潮昼夜不息，含沙实重，澄清之法，宜视井水加慎。

湖水

诗不云乎，"湖水清且涟漪"，雨雪林泉之外，清洁甘润，端推此种。

河水

南省河流，宣畅清洁，亦略与湖同，若黄河之水及滨江河道，则混浊无异江流，颇不适于饮料矣。

海水

海水味咸，不可饮，不幸而居海峤，亦唯以澄清方法济其穷耳。

谷类第二

米有糯粳之分，日食之米，又有白米、黄米、新白、陈白、新黄、陈黄各种，大抵滋养耐饥，陈不如新，黄不如白。而体弱病余，传导之官，偶失其职，则与上述各种，适成一反比例。糯米非日用所需，而制造饼饵，断不可少。

炒饭总论

日食皆用煮饭，而炒饭亦有佳味，虽各种配合不同，必取熟饭于有风无日处晾干用之，则下锅粒粒松透，火不宜武，武则焦，亦不宜太缓，缓则力薄而臭不香。最忌成团之饭，强用铁铲揿碎，则米粒不完，到口不爽矣。

葱油炒饭

先以大葱去青取白，断以寸，沸猪油煎微黄，入晾干冷饭炒之，用盐不用酱油，盐之多少，以饭为衡。

鸡蛋炒饭

如上法，用葱油，另以盐、酒搅鸡蛋至匀同炒，米染轻黄，蛋成桂蕊，故曰木樨饭。近乃先炒蛋后炒饭，终令会合，不过嫌蛋碎耳。然则何不竟以炒蛋下白饭？又纵口腹者，加入南腿丁以为鲜美，且一示豪侈，大餐馆广东店皆竞效焉。不知南腿虽美而块硬，与蛋饭格不相入。知味者有茹柔吐刚之苦，无已，其稍加鲜虾仁可也。

南腿绒炒饭

如上法，去葱，用净猪油入南腿绒同炒，南腿宜多用肥少用瘦，研成细末，稍一粗梗，即有啮檫之患。北腿及寻常腌肉，皆不宜，盖滥竽充数，君子所非，力有不足，不如其已也。

琵琶鸭饭

用新白或陈白米三升五合，白糯米一升五合，照寻常煮饭法，至水初收时，入琵琶鸭一只，去尾脔切成块同煮，鸭块以寸为度。一法置鸭块生米中，如湖南人蒸饭式，同蒸亦良。琵琶鸭，粤产也，形似琵琶，故名。富有风腊味，与南京板鸭同美，而干硬特甚，故板鸭宜独食，琵琶鸭宜煮饭。若人多宜分锅煮，不宜并煮。葱、油、盐、酱概不用。

焦锅饭

煮饭起锅后，以微火焙锅底剩饭铲之，使极薄，徐起之，曰焦锅饭，俗名锅巴。乘其初起，以荤素各种极鲜羹汤浸而食之，甚美。一法以菜油熬沸入盐同炸成片，干食汤浸，各极其妙。忆昔江革负母避燹，赖此延旦夕之命，遭世承平，享用过当，极调和燔炙之费，能毋慨然。

粥说

嘉名旧锡，厥维双弓，寒素家风，萧条特甚，然世风侈靡，淫巧日出，一粥之微，亦擅标新领异之甚。诠叙至此，为之怃然，作粥说。

白粥

粥以匀净黏合为必要，遇薄则为米饮，厚则成糊，皆不得谓之粥。粥用白米十之七，糯米十之三，厚薄适中，如初写黄庭，恰到好处，能事乃尽。

荷叶粥

采嫩荷叶连柄洗净，极小者用二三张，稍大者用一二张，俟粥初沸时，浸入五分钟即擘去，待粥煨成，色微碧，芳香满口，真消夏湾头之逸品也。浸不宜过久，久则香尽而苦来，不去柄，则擘去便易。有以南腿末杂入其中者，享肉食之客，固亦未能免此，然张盖游山，涂抹西子，转失真味，请质诸知味之君子。

百果粥

即僧寮之腊八粥也，宜稍去花生、瓜子等格不相入之品，以存粥之真，而无碍调和。糖亦不宜过多，以免过后口作酸味。然吴侬视糖若命，必有反对此说者。

红枣粥

煨粥一罐，入去核红枣十枚，不加糖，每日清晨啜之，健脾开味，养生之品也，冬令尤相宜，稍用薏苡之类亦可。

鲍鱼粥

用透明干鲍鱼，切薄片如纸，再奏刀砧作碎末，入粥煮之，为滋阴圣品，能淡食尤妙，稍加盐酒，味亦隽永。

鱼生粥

生青鱼薄片，候煮粥将已成熟搅入，鱼片须先以好酒、酱油浸透，唯入粥不宜过早，早则鱼老如木屑，无余味矣。肉生粥、鸭粥法略同，南腿绒粥宜肥瘦均匀，粥初沸时加入，若如鱼生等粥，俟成熟后搅和，则红白灿然，色极鲜明，而粥中滋味，稍欠醴郁矣。务本务末，君请择于斯二者。

香粳米粥

香粳米无专任煮粥之义务，于各种粥内为参加品，则色香味三者纯全而无憾。唯荷叶粥不宜用此，盖物不能两大，既取荷叶之清香，复杂以香粳，气味庞杂，令人莫辨，不几有政出多门之慨乎。

八宝糯米饭

用龙眼、红黑枣、栗子、莲子、芡实、冰糖，加重猪油煮糯米饭，不宜过火，须稍涵米汁，乃益腴润，而性质黏滞，食亦不宜过饱。

八宝鸭饭

今普通筵席，以果品糯米塞入鸭中曰"八宝鸭"，溯厥缘起，直买椟而遗珠，法宜除去夹杂之果品，用好酱油、酒拌糯米入鸭腹中，以葱塞鸭尾窍，外加陈酒、酱油，于炭基炉上焖至鸭糜烂，取糯米饭食之，味极甘美，至于鸭则脂肪已输入饭内，而肉则已成糟粕。是知用此品者，力虽有借于鸭，而味实重在饭也。

乌饭糕

乌饭即青精饭，为游仙导引之品。今虽江浙之间，播种繁殖，然究不能如寻常米粒之多。西湖居民间有以青精饭作餐者，他处无此口福也。作糕之法，青精饭拌糖煮熟，入模范成方圆形，以枣泥、扁豆泥加薄荷汁少许，平铺于上，再抟青精饭塞满模型之内，一一取出，上笼蒸透。果馅中嵌如束带式，其模范作瓜式、必定式，或八结和合等，种种俱备，香味内涵，华实兼备，用佐宾祭之需，诚为美品。

枣糕

红枣去皮核，煨极烂，连汁捣泥，和糯米粉，以生猪油丁、松子仁、胡桃仁、冰糖研稍粗末实其中，捏成团，如上法嵌入方圆巧各种模范内。印出，垫以粽叶，蒸以笼锅，色香味皆备。大抵糯米粉一升，需和红枣泥一斤，少则如糯米糕而乏香味。

炒糕

糯米、粳米各半，制长式年糕，不和糖桂，用时切细丝，长寸许，猪油煎沸，加各种肉丝、酱油、酒同炒，以冬笋、春笋、韭芽、肉丝为最，茭白、黄芽菜、肉丝次之，净肉丝亦可。忌用水，尤忌火缓，久沉滞于釜底，则糕丝黏腻不爽口，然太生亦不可。凡炒菜皆仿此，执炊者大有经纬也。

挂粉汤团

汤团馅有数种，素则以百果或红白糖为之，荤则用猪肉或加虾仁与鸡肉丁，糖馅加猪油丁。而所谓挂粉者，将馅抟成置米粉中，筛之并醮少许清水湿粉面以求黏合，则细腻熨帖无不匀称，真无缝天衣也。又桂花糖小汤团亦佳，市上之物以糯米粉搓小团，仅于汤中略加桂蕊白糖，并非佳制。法宜用桂蕊蒸冰糖，和入米粉成小团，汤中稍加鲜桂蕊为装饰品，则香甘柔滑，得自先天，美不可言。此物余内兄杨仲和、姬人蓉娘制之绝佳。

马路边售卖挂粉汤团，1940年

各式粽子

粽子即角黍，形式上有小脚、斧头两种，皆以菰叶包裹糯米为之，南人喜塞糯米极紧以为美，余家不然。且专制斧头粽，用好酱油拌生糯米至匀，令糯米作殷红色，每只塞以南腿丁、生猪油丁数枚，或以白糖蒸饧拌米，加去皮核红黑枣及生猪油丁数枚，素者去猪油。而包裹法以极松为秘诀，迨蒸熟剥开摊而不散，芳香适口。盖包裹过紧，则菰叶之香不得内达，纵塞以美馅，亦为束缚太甚，味不能出。今使菰香肉味交畅而流其为甘，固不待言。北五省嗜面食，不喜糯米，嫌其黏滞也。先君当日以家制角黍饷客，王芸庄，长洲洛阳人也，食而甘之，一食或尽三四枚，每当岁除或天中节，必馈之以为常。

汤面

汤面以汤为主，汤果鲜洁，面必可口，然切面自有刀法，煮面亦有手法，其大要不外过水，盖切面非碱不成，须先以沸水煮去碱性，入清冷水漂净，再投以鲜洁之汤，无论为清丝面，为烂污面均可，否则碱重既不适口，且令人渴，殊非所宜。近遇寻常人家寿筵，其面绝不可食。碱性未净，一也；或硬如铁，或烂成饼，二也；面自面汤自汤，临食浇灌，味不能入，三也；而汤之是否鲜洁，尤难过问。制汤面者，能除上述三病，而再以调和汤汁为最后之研究，斯得之矣。

锅面亦汤面类，故不复述。

炒面

炒面宜脆而不枯，全在手法之灵活与猪油之重，油轻则近于焙而面成饼，手法不灵，则或焦或生，时有太过不及之虞。余家首时佣一庖丁高姓，淮安人，炒面极佳，色黄而面松。近时市上之物，固不足取，即官厨亦罕有其匹。又炒面宜用荤，肉丝、虾仁、蟹粉皆可，不宜用素。

拌面

沸水煮去碱性，冷开水漂净微晾，虾子酱油、酒，加盐、笋丝，入重麻油调拌，味清而腴，盛暑所宜。若茹素，则口蘑、面筋丝等加酱油、酒亦美，而必以重麻油为调和之主，否则不香不润。光绪己丑，某宦家招饮，以白汁鱼翅冷透拌面，时方夏五，天气颇热，食之不能尽一箸，嫌其腻也。六才子所谓卖弄你有家私，某宦有焉。

荤素馒头

作馒头必用发酵法，愈发透愈松。馒头馅荤素随宜，唯肉丁宜细切，不宜成泥。蟹粉、春冬笋、虾仁皆可配用，亦皆不宜多，须有卤汁。清江浦有海参丁馒头，并无异味，徒见俗恶。素馅除用夹沙糖果外，以小青菜、香干丁调麻油，加木耳、蘑菌之类为良，一法用虾米或虾仁拌荠菜加熟荤油作馅，亦饶风味。又发面白馒头不用馅心，取其松透，以红汁豚蹄配食甚美。

烫面饺

温水和面作饺，上笼蒸透，蘸滴醋食之。饺馅制法，与馒头馅略同，但无论荤素，皆宜加麻油。又有韭菜及炒鸡蛋两种，夏日更宜。用虾米、冬瓜丁作馅，馒头馅不能用也。冬瓜丁绵软，不用虾仁作配而易以坚硬之虾米者，夏日炎炎，虾仁易腐败，与其求美而不美，固不如敢问其次耳。

水饺

冷水和面入锅煮食，其飘飘水面者，即为成熟之候。饺皮忌厚，入釜防破，制馅法与烫面饺同。

油煎饺

如水饺制法，釜中贮菜油少许，煎微黄，即京华人所谓锅贴子。余家制锅贴子，固别有方法也。锅贴子冷水和面，每个擀至一尺径圆，以熟荤油和葱白虾米屑铺于边际，作一条式，随即折叠，折叠一层加铺一层，两头少空，勿安馅，防其外溢，贴干锅内，文火焙至面皮作透明色即熟，斋切成斜方块，极美。此法传自先生祖母谢氏，余历游诸父执之籍，隶北省者均无此制。

油酥盒子

以油酥和面擀作春饼式，大小两片，中夹馅心，如饺馅，焙法如锅贴子，两面均须煎至微黄，卤汁不宜过多。湘人魏盘仲家最擅胜场。

做春饼，杨冠盛摄影，刊载于《良友》1935年第102期

豆剖

昔人嗤人之愚曰"不辨菽麦"，菽即豆也。豆之种甚蕃，用途亦广，请就常餐所需之品，一一剖解之如下。

豆腐

豆腐一品，子才氏食谱，搜罗宏富，并详载某侍郎豆腐，某尚书豆腐，以不没人一技之长，而豆腐之见重，亦可想见。余性酷嗜此味，生平所尝各种制法，有繁重，有简单，不必如子才，一一详其缘始之人，亦不可不备记之，以遂老饕之欲。

荤素一品豆腐

取极嫩豆腐，削去边皮，沥净浆水，以细盐末、淡姜汁、陈绍兴酒、极浓鸡汁，加熟荤油捣和为泥，蒸透，方圆随器，味美而腴，好事者撮南腿末或青红丝堆砌上方，作各种吉祥字，徒饰外观而已。素者用口蘑、冬菇、干鲜笋、黄豆芽等，煎浓汁代鸡汁，余法同。读子才食谱，有以纯用鸡、鸭、鹅、雀各脑为之，而名为豆腐者，奢侈失度，纵不厌其肥腻，抑何可污此清品？

白煮豆腐

豆腐去边，文武火煮成百孔形，以虾子酱油、小磨麻油、陈绍兴酒，加红辣油，蘸而食之，颇得真味。春间以鲜菌煎油代麻油亦佳。余每用此作早餐，羊枣之嗜，不知有当于他人否？然性质颇坚，不易消导，食之不宜过量。

大烹豆腐

去边，切方薄片，重猪油同葱白煎两方面作黄色，加酱油、酒浸虾米，用武火烹透，即起锅，忌加水，此亦余家常用方法也。素烹则去虾米、葱白，应时加鲜笋、鲜菌，或口蘑、玉兰片均可。

豆腐松

一名小豆腐，用豆腐煮极老，滤之至极干，捻成细末，微晾满锅，菜油炼透，入豆腐末炸脆，加酱瓜、姜及各种荤素鲜美之品，均作细末同煎，待油收稍干，加酱油、酒，缓缓起锅，另以生麻油拌匀。忌用南腿，以南腿不宜入素油燔炙也。

十景豆腐羹

嫩豆腐去边，同鲜肉、鲜鸡、虾仁、海参、芙蓉蛋、口蘑切小方丁，入火腿笋汤，一沸即起，另加白胡椒末少许。唯火腿笋则另食，不搀和其间，仍以刚柔之不可杂。

鱼头豆腐

此味为先生大母谢氏能品，岁时享祀先人，辄仿制以献，而每以形似不能神似，戚戚然见于词色，由今追思，益怆然矣。法用大青鱼头、尾、肠杂同嫩豆腐浓煎，加酱油、酒、辣茄，以汤汁黏合，不与物离为度，渗冰糖少许，味美于回，不可思议。此品有数难，水多则味不浓，过干则不润而豆腐必老，不先用武火，则鱼不透，不继以文火，则不浓郁。大抵极重鱼头尾一副，可入豆腐十二块，鱼轻则酌减，最后用糖时，或稍入好醋尤美。

皮箱豆腐

取市上油豆腐果剪开一面，如箱盖式，挖空，实以鸡肉、虾肉、猪肉丁，和以卤虾油，仍盖完密，外加木耳、笋、菌之类，酱油、酒红烧，此先外祖母汪氏法也。

豆腐汤团

取豆腐和三鲜（即鲜肉、鲜鸡、鲜虾仁）加豆粉团成汤圆式，入浓鲫鱼汤，一沸而起，味宜略淡，不宜用酱油。一法以净豆腐作团，入火腿鸡汤亦佳，唯均不可久煮，防豆腐老即乏味也。

文丝豆腐

切豆腐成细丝，以净鸡汁文火煨三十分钟，盐酒之外，略加姜末，于临起时和豆粉少许。沈雪门姊丈家制最精，余每至辄索此味，百食不厌也。

豆腐衣

豆腐衣制法颇多，最美者三种：一以沸水浸软，榨干，用蒸透、虾子、笋皮、紫菜、酱油、酒，加重麻油匀拌；一冷水浸软划成块，实以三鲜或虾米、暴腌青菜及香干丁包裹作小春卷式，或炸或煎，炸则外加花椒盐末，乘脆食之，煎则和以木耳、香菌之类，略加酱油、酒，水宜少用；一如上作锅贴式，以整张豆腐衣逐层折叠，夹以荤素馅心，先切成块，后入油煎，临起以酱油、酒一烹即得。此外则于荤素羹汤中用之。又百叶制法略同，唯百叶能成丝炒食，豆腐衣无炒法耳。

茶类第三

茶为清品，种类颇繁，产地各异，兹就品啜所及，一一志之，以为解渴催诗之助。

龙井芽茶

茶之产于浙江者，以西湖龙井为最，曰雨前，曰明前，皆以时计也。大抵浙江味清洌而色鲜艳，一旗一枪，盎然明翠，唯泽易竭不耐久，三开以后味已索然。

碧螺春

碧螺春产太湖之洞庭，色泽不让龙井而细密芬馥屡开不竭，味美于回，胜龙井远矣。夏日用宜兴砂壶浓泡，冬日用炭基炉隔水煨炖，味益隽永。

六安茶

六安茶曰毛尖，叶尖有绒毛，产安徽六安州，质地浓厚，非浓煎久泡，不能尽其长，色之明翠，不及苏浙所产，而味醇而腴，得泉水或雪水烹之，其美不可思议。

普洱茶

砖茶此两种：一产滇池，一出西蜀。今人用以代药，治食滞助消导，罕有作寻常饮料者，然品味厚重，祛湿消渴。昔李紫璈先生令元和时，性好客，虽簿书旁午，而诗酒之宴，排日不辍，酒后必以砖茶饷客。或拇战过酣，角饮不已，则客之引满者，愈酣畅，乃愈清醒，盖百榼之余，已遗羽仙代曲秀才，而客犹不知。余以问业尝侍坐，曾亲历之。

香片茶

茶之稍粗者，毋论何种，皆曰香片，以叶之舒而成片，不复有旗枪式也。余之所记者，却非此种。汪蘅舫姨丈以名进士作宰西江，旋移吴下，其日用之品，有所谓重香片者，叶犹大于寻常之香片，而味之甘芳醲郁，留连齿颊间，不轻散佚，闻系京师茶市中制造之品，其法不外熏焙而却无玫瑰、珠兰气息，纯是茶味，故佳。

盐类第四

用盐法

盐为五味之原，用法不厌其精，寻常烹调，随手加入，有如散花。亦但辨入盐之先后，加盐之多少，此烹饪法，非用盐法也。盐之为物也，煎制纵极精良，渣滓未能尽去，吾家用盐，率以小铜锅炒透研碎，沥净余滓，味益鲜洁。又有一简易法，用陈酒入盐，隔水炖化，去滓用之，体洁而味匀，事半而功倍也。川盐长方，式如水磨砖，色有黑白二种，白者稍次，黑者最良，是已于出井后重加煎炼，味鲜而洁，毋烦别加手法矣。

蔬类第五

干烧青菜

蔬菜之有真味者，其青菜乎，昔人故曰"菜根滋味长"。

然菜必经霜而始肥，故又曰"秋末晚菘"。此味清腴纯正，不假涂饰，不须依附，如古名将，轻裘缓带，儒雅风流；如真美人，裙布钗荆，天然妩媚；如真君子，无头巾气，无道学派，平易近人，淡而弥永。故制法必取本色，以清菜油或猪油炼透入锅尽炒，待菜有自然汁出，加清盐、姜丝煨烂，不加水，不闭盖，青脆如新，肥鲜无匹，是为正味。虽婆人子亦能致之，一加水，则味不厚，而菜有肤廓气；一闭盖，则味不清，而菜有黄肿色，切宜注意。饕餮者踵事增华，以南腿、蟹粉、虾仁、虾米等物搀和其间，未尝不美，究非其真相马者，固宜在牝牡骊黄之外也。生炒青菜取菜心，武火生炒，以脆而不生为宜，清香可口，别饶逸致，油荤素皆宜，唯不用盐，起锅时稍加好酱油，与干烧法不同耳。好事者亦喜搀入他物，则尤谬，以干烧菜尚有融洽性质，生炒则随手起锅，所加物竟格不相入也。

冬腌菜

此冰壶先生也，吾家有秘制法，手续繁重，非若寻常人家以菜浸盐，半熟即啖，甚且踏以茧足，唐突龌龊，至于此极也。法以短柯肥菜洗净，晾干入盐，以手细搓，置平口大水缸内，用巨石压至卤平菜面，必兜底翻转，上下易位，谓之翻缸。翻缸后五日入陈绍兴酒，空缸塞紧，加入原汁，湿泥封口。立冬日洗晾，五日入缸，五日翻缸，又五日小雪，请君入瓮。冬至开缸，色如密蜡，味比哀梨，肥鲜醉饱之后，一服清凉散也。菜一担，用盐三斤，别有加重盐一斤者，封识明白，留待春后之用。或以雪里蕻菜匀配同制，尤鲜。

瓢儿菜、塌颗菜

瓢儿菜产金陵，塌颗菜产南中，皆美味也，制法与青菜同，唯塌颗菜性味甜腻，旦旦而食之，不能如百读不厌之书耳。

小青菜

春夏之交，有小青菜，干烧不易烂，生炒不易透，宜碎切入盐椒浸透沥干，加香干、毛豆、虾米炒之，亦颇爽。

鸡毛菜羹

春三天气，有所谓鸡毛菜者，细而长，有如翠带，柔滑少厚味，宜用少许，加猪油丸、酱油、酒蒸清汤，不宜于干烧。此殆清品，为青菜之附庸。

黄芽菜

产胶州者良，法不外醋溜、清蒸，若如青菜制法亦佳。此物价重于青菜，祀筵宾席，登之无怍色，然鄙人疏野，不能不鱼视此君而熊掌青菜也。

炒韭菜花

春韭之名，久震人耳，嫩剪脆炒，尽人而知，即韭芽一品，炒法配合，亦无庸赘，唯韭菜花含苞未吐时，精肉丝炒之甚美，此先人羊枣之嗜，非时荐不忍食也。

豌豆苗

猪油、盐、酒加豆粉少许，武火炒之，肥鲜可口，色香味俱备，加虾米、冬笋炒为宾享之用，固不嫌润色之助，然仍以豆苗为主，勿使满盘错杂，徒笑喧宾。

鲜香椿头

鲜香椿初发红芽，切细末，用重猪油和春鲜笋尖盐炒，味极香美。一法入沸汤瀹之，麻酱油焓拌，或拌豆腐均佳，然味辛而烈，以猪油笋炒为上品。

鲜花椒叶

极嫩花椒叶蘸甜酱入油烹炸，乘脆下酒，别有风味。先祖考冥辰，先严慈必手制以献，遵先好也。

蒌蒿

"蒌蒿满地芦芽短，正是河豚欲上时"，东坡句也。此味用精肉丝或鲜笋丝同炒皆美，然不如好酱油、清菜油加酒单炒为尤妙，芳香鲜嫩，盖亦野蔌中具独立性质者。

马兰、枸杞、诸葛菜，此三种皆拣嫩苗，如豌豆苗法炒之，各有风味，惟枸杞、诸葛宜入糖少许，马兰又有碎切炝拌一法，为不同耳。

蝙蝠茄滴

嫩茄斜切小块，重菜油炸透，加蒜头、虾子酱油、酒，以铲刀搨扁，不入滴水，起锅后，搀香麻油少许，匀拌，光润芳鲜，园蔬之隽品也。又嫩茄不破，火上干炙，至皮现嫩红色，香闻隔屋，以麻酱、虾子、姜末，浸而食之，清绝香绝。

白芹、青芹

白芹取白去青，或拌或炒，荤素皆宜。青芹即药芹，拌食为宜。

葫芦

葫芦取形似金瓜者，乃可入馔，须极嫩时刨皮去瓤，实以十景细丁，加鸡汁清蒸甚美。

十景即南腿、鲜肉、笋、菇等荤素鲜品也，园蔬野蔬，无虑数十百种，如鲜笋、鲜菌之脍炙人口者，萝卜、荠苨等之日用常需者，既已人人知味，又无特别制法，皆略而不陈，惧赘也。

果类第六

果羹

菱、芡、莲心、胡桃，皆取鲜时，以冰糖作羹，稍加山楂及薄荷，撷其酸凉，为解醒消暑之品。北京诸饭庄，最擅其胜。

酱胡桃

以清甜酱拌胡桃肉，沸油炸之，鲜为上干，次之醉梅、醉桃。此先太君手调之品，梅取青圆，桃取半熟，用冰糖、木樨蕊、薄荷汁同浸三宿而成，清甘鲜脆，沁人心脾，荐诸宾筵，倍增酒力。

橘酪、楂酪

取橘瓤、山楂肉入糖搅和，调以沸汤，色香馥郁，亦酒兵之后盾。

西瓜糕

拣甘脆好瓜，滤汁，和入发酵面，加糖蒸极宣松之糕，夏日娱宾，颇见新颖，糖宜少，否则夺瓜味，且不带微酸，便无佳味矣。

王瓜

王瓜介乎蔬与果之间，以其俨然，遂隶于果类，制以酱油浸，透生食为上，有切片加肉汁煨之者亦佳。宜去其尖，尖恒易作苦也。

冬瓜

冬瓜无滋味，所谓清香，亦在有意无意间，浓煎烂煮皆不堪食，唯有蒸之一法，去外皮内瓤，仅取中坚，切骨牌块，南腿同蒸。素食则易以口蘑，中不足则外有余，不得不乞灵于鲜美之品，相与有成也。

果品美自天生，不假造作，世人好奇，强逞私智，诚无足取，略择数品以备一格。

牺牲类第七

清炖鸡

鸡为常品，亦为神品，各味之仰承余泽，以成其美者，何止数十种，为孟尝君门，为边孝先腹，取给者众，猗欤盛哉。清炖为烹鸡之正宗，宜文火，徐徐炖之，不宜脔切，脔切则气不圆而肉易老；不宜破腹，须于膈间抽出肠杂，破腹则弊更甚于脔切。独立固自不群，佐使亦有常品，南腿、椿、鲜笋、台州鲞片皆佳，唯南腿与台鲞用其一必缓其一，以各有妙处，并用则不见其长，知味者当能辨之。酒宜稍多，盐宜稍省，此中亦有三昧也。

走油鸡

以原只鸡入清菜油遍炸，以皮色深红而不焦为度，加酱油、姜、酒，武火煮半熟，文火缓缓熬之，末加冰糖屑，起锅不入滴水，盖油必以能浸入鸡身为宜。此味与鱼头豆腐同为谢氏大母绝技。

熏鸡

熏鸡分鲜鸡、腌鸡两种，鲜鸡煮八成熟，起锅，以麻酱油频频蘸润，上铁丝，蒙以木屑熏之，至皮色深红作泡，似皮与肉有相离状，即成熟之候，食时用花椒盐末撒透。腌鸡俟起卤后，悬之高竿，俾风吹透，以糠燃炭火，生熏一炷线香即止。食时加葱、姜、酒清蒸，得此美味，石守信亦当能饮三升。

炸笋鸡

盈握之雏，连骨脔切成块，酱油、酒浸两三时，沸菜油，武火大烹，以漏勺沥干起锅，撒花椒盐末。近时酒馆亦所时有，但酒馆拆骨软炸，吾家庖人高姓，昔事先君子，以不拆骨为要诀。笋鸡极柔脆，骨节中有真髓，颇耐咀含，谓予不信，盍尝试之。

瓜姜鸡豆

鸡肉切丁，加甜酱、瓜姜、酱油、酒炒透，入红辣油起锅，冬日最易凝结，用以卷入炊饼绝佳。

鸡皮酸辣汤

肥鸡肉切丁，另用鸡皮连油，文火煨透起锅，加好醋、胡椒末调羹，或配以鲜笋、鲜菌均佳，酱油宜略省，亦醉乡侯之诤臣也。

风鸡

连毛从腋下抽出肠杂，以炒热花椒盐，只手探入，遍处摩擦毕。屈鸡颈环首，塞入空际，俾无泄气，结绳风晾，至匝月，脱毛洗净，武火煮一刻即熟，宜手裂，不宜刀切。尤畏春气，立春后三五日，味即变。风鸡有"不看春灯"之谚。只鸡需用盐二两半，多至三两止，而鸡又不宜过大，防其老也。

循环蛋

制鸡之法太多，更仆所不能尽，市所常有，人所常制者从略。鸡子亦美品，制法亦尽人皆知，请试言其稍奇异者。

连壳蛋白水煮三五沸，置炭基炉，昼夜不断火，蛋壳标记时日，明日进一枚，又明日再进一枚，至第八日，则取第一日之蛋，剥而食之，名循环蛋。蛋白作象牙色，蛋黄转嫩如生，油盐酱酒，皆摒不用，而香嫩自有真味，医家采为补虚养阴之圣药。

混元蛋

生鸡蛋以银针于顶上刺一小圆孔，即用针搅匀黄白，徐徐自罅处滴出，和荤素鲜味，加酱油、酒，复徐徐从口入，皮纸封固，隔水炖一小时，去壳食之，蛋则犹是也，而庞杂殊甚矣。然味纵鲜美，而研都炼京，究非天籁。

炒羊肚丝

羊肉为滋养品，制法不外红炖及红白羊羔、五香羊脯数种，北人善烧烤，又有趏法，羊之能事毕矣。羊肚脆嫩，胜猪肚，切细丝生炒，只用酒酱，不杂他物，油宜沸透，可劝加餐。

羊腰汤

羊腰一对，口蘑、冬笋各少许作羹，临食加芫荽，用盐不用酱油，姜酒宜稍重，味亦胜于猪腰。唯腰宜整下，不须切片，其不能久煮，亦与猪腰略同。

选猪肉法

猪肉用途至广，而选法宜严，皮欲薄而细，膘欲厚而坚，色恶臭恶，虽易牙烹调，无以善其后。大抵肥肉色过白而空如蛛网，精肉色不鲜艳而肌理不密者，必多臭恶之病也。

白片肉

乡先辈姚韵和先生之言曰，白片肉非五十斤不可，大哉言乎，何须如此之多也？不知白片肉不多，则味不厚，取材不富，则畸零充数，必不整齐，五十斤虽侈言之，二十斤诚不可少。片欲其薄，肥瘦宜匀，甜酱秋油，蒜泥芥末，一一备具，穷措大割得一二斤，皮骨搀杂，切不成片，则不如其已也。

炒肉丝

炒肉丝似非矜重之品，然选料奏刀，涤去肉筋，火候炮制，亦非老手不办。肥者先下精肉，一拨即得，酒酱配合，皆其余事。其各种资料，如冬春鲜笋、韭芽、茭白及油鱼、银鱼等味，随时适用，亦不足道。唯刀法精细，铲刀灵活，爨火得宜，是为三绝。

坛子肉

寻常红焖肉，尽人皆能，豪侈者海错时鲜皆可配合，唯坛子肉以陈绍酒坛装肉，纯用酱油醇酒，或以鸡为配，丸泥封固，砻糠砌成圆墩，使坛不露形，四面徐燃，长日竟一日，短晷尽一夜半日，糠悉成灰，肉已别熟，泥封一开，香闻三径。此种烹调，诚为老饕氏之别开生面者也。

狮子头

肉丸之制，首推京江，细切不使成泥，以炒米粉搀和资料，团成入油略煎，或竟不煎，文火炖烂，松而不散，肥而不腻，大如狮子头，故名。秋间加蟹粉尤美。若苏人之醢，坚硬如弹，尝戏取以投于狗，狗负痛而号，为之喷饭不止。

五香炙肉

此即脍炙之遗，取精肉切薄片，浸酱油、酒，晾干，入沸油，文火炙之，炙透沥干，复晾，撒以花椒末，贮以瓷缸，舟车所至，携备糇粮之助极美。

膝骨

此味至美，无锡人取猪蹄上膝骨连筋，加南腿、鲍鱼清煨红焖，各尽其妙。余于烟波画舫中饱尝之，间有取以馈我者。自制亦颇适宜，红焖不如清煨，又宜武火，盖文火浸润之力太足，筋中油出，转觉无味；武火则油不外散，肥美内含也。蹄筋制法亦同，按猪肉制法至多，不及备述。

烤南腿

南腿一肘，上去爪，下去琵琶头，煨半熟，如烤鸭、烤肉法叉烧，皮脆而油不散，酥润适口。魏盘伸刺史家擅此技。

炸南腿

生南腿去皮，裂肥瘦肉各成小长块，裹以网油，炸脆，加花椒末，乘热食之，肥者尤美。

熏腊肉

湘中珍品也，以盐肉用糠生熏后，置灶突前，日久味透，蒸食绝佳。

盛暑风猪肝猪腰法

冬日风猪肝猪腰须半阅月，长夏炎炎，肉顷刻即败，何以能风？山妻独得一法，取腰肝出净血水，以重盐花椒擦透，曝烈日中，上罩纱笼，日出而曝，日入而成，随手加姜酒清蒸，芳香坚硬，一如隆冬烈日之功也。倘亭午忽逢阴雨，立即色变，不可收拾，必火伞撑空，穷竟日之长，乃奏奇效。

论牛肉

牛为太牢，近日社会效法西人，尤视为滋补之食料，然吾家昔年不轻用此品，家人近亦嗜之，皆用市脯，故制法未谙，付诸阙如。

山珍类第八

果子狸

光绪中叶，湘中袁海观制军方宰沪渎，与先君子结金兰之契，会因事到省，以果子狸二头相饷，形体略似狐而尾不修，为稍差别。此物产地未详，专食鲜果而肥，故名，精肉绝少。子龙一身是胆，此君一身皆油，然一肥至此，并不觉腻。其一红焖，一则加鲜笋煨汤，饶有香泽而无膻味，亦一奇也。

鹿筋

鹿筋产关东，朱仲修姨丈自京华颁赐，肥过猪蹄筋而微有膻气，一筋之粗如大拇指，熟之不易，罕于熊蹯，油炰亦松透，不如清炖之有膏泽也。然仍须南腿、鸡汤以为调和之助。

炙兔腿

兔腿宜煮透，加甜酱炙干，下酒充饥皆良。兔肉微嫌粗硬，不及腿部肉活而细。

林禽类第九

野鸡瓜

野鸡肉切丁，同冬笋、酱瓜、姜，入麻油、淡盐炒之，火宜略文，否则肉红而老，不能白如凝脂矣。余家旧仆陈媪，故清河人，雅善作此品。野鸡榨取野鸡骨之明者，和酱瓜、姜醃之，入麻油、酱油，文火缓缓炒透，佳制一盆，费颇不赀，以专取明骨也，陈登之太守家制最佳。

砂仁鸟

吴江产也，状似荷花雀，喙爪皆作红色，食砂仁而肥，红烧熏炙，味皆隽永。

五香鸽

以香料红烧，卤汁不宜太多，腹中实以糯米或白果均佳。竹鸡、鹌鹑、鹧鸪、黄雀制法略同砂仁鸟，鹧鸪、黄雀味尤美。秀水汪虎溪先生以名士屈在下僚，所至以诗酒交群彦，宾筵肴馔，悉出中馈，不假手庖人，配蔡氏善烹饪，百鸟朝王一味，脍炙人口。法以黄雀置白鸽腹中，以白鸽置鸭腹中，加京冬菜、鲜笋，文火浓煨，或以五香卤炙，或蒸清汤，余曾染指，洵为异味。

水禽类第十

鹅掌

鹅之美在掌，清汤凉拌，各极其妙。清道光中，某僧纵口腹之欲，制长方铁板一块，围以铁栏，下燃干柴，置活鹅于上，初不热，徐徐添火，鹅欲出不得，求死不能，往来踯躅，掌泡起厚数寸，频以酒酱油浇灌，历一小时，执鹅断掌，掌登于俎，鹅跃于下，肥嫩鲜美，诚为异味，残酷毋乃太甚乎。

蒜烧鸭

制鸭之法虽多，人皆耳熟能详，吾家蒜烧鸭一法，南人所不经见。肥鸭一只，用蒜两头，以蒜瓣入鸭腹，浇酱油酒，瓦罐煨极烂，味至浓厚。

三老羹

三老五更，位尊而道重，乃老饕以鸭脑、雀脑、猪脑作羹，名之曰"三老羹"，抑何可笑。然其味固自不凡，所费亦复不少，大约清汤一簋用猪脑二，鸭脑、雀脑数必十倍，尤须和以鸡汁，寒素家风，何堪望此？闻作俑者为河工厅员，是真竭民膏脂而不顾者。

海错类第十一

生炒翅

鲨鱼翅久为珍品，咸丰中陈登之太守常餐必备，调治精良，有陈炖翅之名。迄于清亡，此风未泯，宾享之仪，有不备此一簋者，樽俎为之减色。其实此味肥固有余，鲜则必借他山之助。使如虾蟹制法，唯用盐酒，不施敷泽，则味且不逮园蔬，而腥闻且招掩鼻矣。然诸公衮衮，久登台省，吾侪小人，何敢厚非。光绪癸巳，入都应秋试，主何润甫大京兆家，主人情重，珍错俱备，而第一味即生炒翅，脆而不硬，诸味内含，名为翅而唇结居多数。叩其治法，云系甘肃一庖人手笔，翅之坚硬，必先以沸汤拆骨，再以温汤浸两昼夜，此故事也。今于拆骨后，纯用温鸡鸭汁代水浸之，又以文火缓缓将汁收入翅中，临食沸猪油一炒即得。然则名为生炒，浸润已深，但稍脆耳。异杼同轴，犹吾大夫崔子也。

燕窝、海参

此等品味，皆贵胄华宗，不必胸有点墨，业已名重一时。然烹制之方，仍需以鸡鸭虾蟹豚蹄为助。遍身罗绮者，不是养蚕人，可胜浩叹。唯燕窝为补肺清品，海参滋阴，亦为有情之血肉，是不固可以概论。

蒜烧江瑶柱

瑶柱之美，非盗虚声，以蒜瓣加资料浓汁红烧，是味有以厚为贵者。

蛏蛤

蛏，一名美人舌蚶，可以人发杂蚶壳种沙滩而生，蛤类甚繁，味皆隽逸。此三种制法，生拌为上乘，作羹次之，油炒为下。伯夷圣之清者，固不可辱以轩冕。生拌不难，难于鲜嫩而透，宜以起锅沸水，一漉为度。若入釜，一须臾即老若鸡皮皱，鲜味涣散矣。又海中物性俱寒冷，拌时宜用姜椒等细末撒之，味既助俊，亦能卫生，不可不知。

油鱼

油鱼，粤产也，以九龙钓片为良，然不可多得。九龙属惠州，钓而得鱼，则可生致，味故尤美。法宜横切，入釜一炒成卷，脆嫩可口。一法，批极薄片，炒蟹炒肉，或作羹皆美。唯片必倒批，不可久煮为秘诀，盖顺批久煮，则硬如败甲，犯我牙关矣。

鲍鱼

鲍鱼难软，其坚鲜者不可多得，庖人急就章，以碱浸之，立软，而真味已失，须炭基火不沸不断两昼夜，方能奏效。

无论斋切或切片入釜，均不可久，久仍还其坚硬态度矣。红烧清汤皆美，必和肉汁，以其美有余而肥不足也。

海蜇

海蜇虽隶海籍，而为常用凡品，是犹达官走卒，居贵地而无贵位也。然沸水浸酥，调五味而拌之，或配南腿作羹均美。尝见村妪待客，恒利此品之有海错名，而值不昂，又利其坚硬，易充满于器，沸水不浸，五味不入，令人嚼铁而不知愧，是亦不可以已乎。

头发菜

海草也，而有真味，虽不免借荤素珍品为助，然真味不夺，非纯掠人美而已，居重名者可比。清汤为最，炒次之，是物不宜近酱油，近之则酸，所宜留意。海苔形似呢布，一面光润，一面有细毛，鸡汁作羹，取其柔滑而已。光绪中叶以后，宾筵久不登，忆少年时侍父宴客，王芸庄父执品题此物，语极冷趣，谓柔滑善媚，厕身权门，髯参短簿，犹为侈拟，坐客粲然，有不答不笑而乱以他语者，当时情景，亦殊耐人寻味也。

紫菜

海味中之小品，亦以柔滑胜而有鲜艳之色，纯为支配之用，不能独当一面，与鲜腐衣匀拌最佳。

江鲜类第十二

鲥鱼

鲥之美在附鳞之际，腹腴次之，背上紫肉亦鲜嫩，不去鳞清蒸为唯一制法，红烧酒醉，皆失真味。

江鲚

即刀鱼也，肌理细腻，鳞甲作蔚蓝色，味肥美，胜湖中所产，唯多细骨。先外祖母善制刀鱼羹，取脊背去腹，碎拆不剔，细骨入釜，和南腿末、鲜笋末作清汤，芳香捧而细骨皆附锅盖上，净于剔括，人咸异之。法以橄榄核磨浓擦锅盖，水汽一蒸，骨即自附于盖，如石吸铁，亦物理之不可解者。唯肉不拆碎者无效，故清蒸红煎每有东坡多骨之憾。然一樽独酌，手汉书佐酒时，狂吞大嚼之品，诚不若咀含剔骨之别有风味也。

石首鱼

石首鱼即黄鱼，江海皆产，以浙之钱塘江产出者为良，故隶于江鲜，寻常制法不足述，烟熏、脆炸二味尤美。烟熏如上熏肉法，脔切熏之，唯熏肉用木屑，熏鱼须用红糖、茶叶末着炭基上取烟；脆炸须沸油没顶，不切不断，入釜脆五六分钟，沥干，乘脆拌花椒末，极佳。许璞山世叔家，常荐此品。

寻常水族类第十三

鱼

鱼我所欲也，尺泽长流，各呈品类，兹约举其要，附以制法，其为日用常见者不记。

鲤鱼

鲜食不美，以肌理粗也，以酒糟之，或作腌鲊皆美，故以板名之。

白鱼

鱼肉细腻，而鲜时不见其美，宜以花椒盐腌透，红煎清炖，烟熏油炸，肉皆片片作蒜瓣式，风味绝佳，唯不宜醋溜，而煎炸皆不喜猪油。鳜鱼与白鱼性质略同，但鲜腌并美，为稍异耳。

边鱼

边鱼宜鲜蒸，清腴无匹，若煎炸腌熏，皆用违其长矣。余表兄某昔侍我父食边鱼，专掠取背外黑边及腹腴，余皆弃置，父以为不留余地，非载福相，已而果然。凡蒸鱼猪油，宜生切丁，南腿、笋菇等味皆作片，但不必过多，酱油亦宜省用，非俭也，酱油重则味不鲜。

青鱼

必重逾二斤者始肥美，鲜腌皆宜，唯醋溜鱼必取小青鱼，大则肉老。其法沸油于釜，和酱油、陈酒、辣茄及笋菇等味，成浓汁，醍醐灌顶，浇鱼身，且沸且浇，约十分钟，加醋再浇而鱼熟，美味绝伦。鱼过大，则浇不得透，必入釜炸之，味亦稍差。鮰鱼、鲫鱼，凡以醋溜，皆然。但鲫鱼肌理最密，非煎不透耳。

软兜、炝虎尾

鳝鱼能制成十数种，清江浦研究最深，有鳝鱼席之名，以一席品味皆用鳝，而别其法也。然最美者亦只二种，即软兜、炝虎尾也。武火沸油，取鳝背划细丝，和汁一漉即起，鲜嫩无比。划丝必先以鳝投沸水，但不可久烫，以肉易离骨而皮未脱为候。胡椒蒜瓣，在所必需。炝虎尾，专取鳝尾入水一沸，酱油、酒、胡椒末拌之，事不劳而味美焉。前所述炙鹅掌之某僧，又有食鳝奇法，制就一锅盖，凿胡椒眼殆遍，投鳝于釜，至水渐热，鳝一一出椒眼，又不得脱，张口求饮，僧以酱油酒灌之，鳝一熟，即起而食之。张汤、来俊臣，犹输其酷矣。

面条鱼

出近湖桥影下，细小活泼，洁白如银，以鲜笋乘初出水作清汤极佳，和鸡蛋炒亦妙，用酒宜稍重，以涤其腥。

虾饼

虾饼亦常见无足奇，然亦大有经纬，细切勿成泥，刀法也，和盐酒豆粉抟成，制法也，油炸最美，红烧亦佳。昔吾父对庖人云，虾饼入口，不作碎响，鱼圆入口即化，而不坚硬，价稍昂，不汝责也。庖人赧然，以为窥其底蕴。盖虾饼中搀以荸荠丁则响，鱼圆和绿豆粉即硬，庖人偷减工料之作用如此，味之不美，固所不计耳。

蟹

蟹之名为食品之泰斗，宜必有秘制方法，侈其神奇，而孰知此味不宜矫揉，不假修饰，一切夸奇斗靡之法，如炒蟹珠以脂油炒尖脐之膏，炙硬黄以卤汁炙团脐之黄，皆为赘笔。愚以为具体隔水蒸透，手自剥食，姜醋为佐，是为正宗，入冬则醉而食之，此外纷纷，游夏不敢赞一词矣。

鳖

鳖不重裙，昔人引为憾事，然鳖之美在裙，人人知之，鳖之腴在甲，少所发明，鳖甲入药，煎可成膏，用以为馔，唯知争裙之多少，误矣。余制鳖，无论红炖清煨，先以鳖甲置文火上焖半日，浓厚已臻极点，乃投以鳖裙、鳖肉。清煨加南腿，红炖加鲜精肉，真人间之厚味也。此法自我作，古并无师承。唯平日常餐，杀一鳖则甲有限，必以三鳖为最少，则甲重重而味醰醰，但不无过费耳，令节祀先，知己远来，则偶一为之。

青螺羹

小青螺和南腿、鲜笋丁作羹，色香清美，或用重麻油、胡椒末拌食亦佳。

酒类第十四

花雕

花雕，绍兴之佳酿也，陈数十年以上者，色清而味醇，糟香扑鼻，以酒坛上采绘得名。其次有京庄、状元红等名目，以红坛、白坛贮之，酒亦多种矣，醇醪端推此种。

绍兴酒的酿造，刊载于《中华》1935年第31期

绍兴酒之酿造（倒糯米）
刊载于《中华》1935年第31期

绍兴酒之酿造（滤酒）
刊载于《中华》1935年第31期

绍兴酒之酿造（封酒坛）
刊载于《中华》1935年第31期

绍兴酒之酿造
（城里水道纵横，酒坊众多）
刊载于《中华》1935年第31期

汾酒

汾酒产山西汾州，色绀碧，味芳冽，与花雕酒分树刚柔之帜，产徐州洋河者亦良。舶来醉人之物，吾不敢知。邦内数酒政，则花雕、汾酒之外，直可谓之无酒。酒中浸药料果品，皆非正宗。温酒法颇有三昧，汾酒性烈，温水炖之可矣；花雕温不透不香，过度即酸，最忌近火，必以沸水炖之为宜。

剩语

食品至广，数不能穷，荤素鲜品，如虾米子、笋菇、鲜菌之类，有功于味实多，纨袴子弟，逞其奢侈，竞斗奇巧，往往滤用鲜汁，使人讶鲜美之味，不见形迹。法以筛箩沥去渣滓，独存其液，资人之力以成功，弃人之身于无用，食不厌精之旨，恐不若此，故凡类此作用之方法，概不拦入。即单中偶叙割剥惨虐之制造法，亦只引以为戒。天下事过者为淫，大雅君子，其以适中，为养生之方也可。

原载《妇女杂志》1918 年第 4 卷第 9 期

厨 余 杂 录

梅子

王传英

梅之学说

梅者媒也，能媒合众味，为调制食物之要品，故《尚书》云："若作和羹，尔惟盐梅。"陆机诗疏亦云："梅曝干为腊，置羹臛菹中，又可含以香口。"盖胃有积滞，口气臭恶，梅有助胃消化之功，故饭后略食熟梅或梅酱，颇为有益（西人于餐毕时，恒食香蕉苹果，亦系此理）。

五代史杨偓方宴食青梅，赵匡凝顾偓曰："勿多食，发小儿热。"按，食梅能发热之说，遍考卫生诸书，并未论及，唯多食能损齿害胃则为近今卫生家所公认。胃中酸质本有一定，酸质太少，固不易消化，酸质过多，易致嗳气痞满食思缺乏。我国妇女多患胃痛、头痛及吞酸、嘈杂诸病，皆因平日喜食酸类各物过多所致，讲卫生者不可不以谨慎饮食为第一要件也。

梅之种类

梅有杏梅、江梅（见《梅谱》），雀梅（见《尔雅》），青梅、朱梅、紫叶梅、紫花梅、同心梅各种（见《西京杂记》），近日统称之曰梅子。生者味极酸，黄熟者多吸收空中养气，梅肉之一部分变为糖质，故酸味略减。旧时种植法，有以梅之枝茎接于桑树杏树者，其实不酸而甘，讲求园艺学者，盍一试之。

梅之功用

梅之功用能生津止渴，黄熟者常食少许，增加胃液，制成乌梅，可以止痢，调羹则醒酒，噙咽则润喉，常食过食，有害无益，妇女经期中及乳儿时，宜戒食。

梅能止渴之原理

梅能止渴，与茶之解渴性质不同，茶之解渴，由茶经水泡，呈色香味三种特性，故能兴奋食欲，滋润咽喉。而梅则性酸而敛，一经入口，耳下、舌下、颔下三对唾腺，为其感动，筋肉收缩，分泌唾液，食梅则津生，即本于此理。其或性嗜青梅，偶一谈及，即涎垂尺许，由脑筋之感觉，立使唾腺受特殊之作用，诚有不期然而然者。

梅之人工制造品

梅之制品，种类极多，兹略述如下：

（一）乌梅。取青梅盛篮中，置于突上熏黑，以稻灰淋汁润湿，蒸过曝干即成，药肆中有制成者出售，治痢疾用之。

（二）白梅。以盐水浸青梅，日晒夜渍，约十日即成。

（三）双梅。大青梅蒸透，入盐水中渍之，再加玫瑰花，在白糖中煮沸。

（四）翠梅。色绿如青梅，恒浸于糖水中，制法未详。

（五）脆梅。渍于明矾水中，用时取出涤净，蘸甘草末食之，或用青梅在沸水中泡过亦佳。

（六）苏梅。青梅蒸过，渍于盐水中数日，取出用紫苏叶包好，在白糖中腌之，风味极佳。

（七）半梅糖。食肆中出售，拌以桂花，味甜而不酸。

（八）制酸。亦名咸酸梅，有甜制酸、咸制酸二种。

（九）五味姜。以姜及梅子等制成，广东人优为之。以上三种制法均未详。

（十）梅酱。青梅或黄熟梅子蒸极透，去核，加白糖研烂即成。

妇女多食梅子之害

梅子一物，妇女较男子喜食者为更多，若由心理学或生理学上研究及之，亦颇有趣味之问题也。唯酸性敛涩，童年多食，有碍身体之发达；青年多食，易酿成胃病；经期中及乳儿时多食，能减少经水及乳汁之分泌，或因此至发他病。梅仁中含有毒质，初上市之青梅，果壳未坚，小孩常连核及仁食之，此大谬也。梅仁中含有毒质名曰"青酸"，若化炼而提取之，服一二滴即足以杀人，故食梅者慎勿连仁咽下，此亦讲儿童教育者所宜注意焉。

梅花可制为食品

梅花古时不用为食品，李时珍《本草纲目》注，列入数法：一曰梅花汤，以半开梅花渍蜜罐中，用时以一二朵同蜜少许，点沸汤服；一曰蜜渍梅花，用白梅花少许，浸雪水润花露一宿，蜜浸荐酒；一曰梅花粥，取梅花入熟米粥再煮食之。杨诚斋诗，有"蜜点梅花带露餐"，及"脱蕊收将熬粥吃"之句，其清雅诚不可及已。

原载《妇女杂志》1918 年第 4 卷第 10 期

改良宴会之一席话

缪程淑仪

媒合众味，日食万钱，犹云无下箸处，古时传为奇谈，今则比比皆是矣。荐绅先生，纨袴子弟，艳服翩翩之将士，宝星灿灿之官僚，名花满座，旨酒盈杯，若簋盫中非价贵之物，不足以夸靡斗富，逞口腹之欲，而示饮食之豪奢也。昔人取鲫脑为羹，炙熊掌为馔，老成人已谓其暴殄天物，殃必及之。以今视昔，孰俭孰奢。

袁子才先生曰："世间惟鸡肉鱼虾，自有真味，其他则藉鸡肉鱼虾之味以为美。"夫鸡肉鱼虾，烹调之法，变化万千，以此佐餐，何至不足以宴宾客，舍此而求贵价之海参鱼翅燕窝熊掌，谓之曰海参鱼翅燕窝熊掌之美，毋宁曰鸡肉鱼虾之美乎？否则白煮海参鱼翅燕窝，其味果何如耶？必仍借鸡肉鱼虾之佐其味，而后美可食。今假而煮鸡为汁，斲虾为圆，佐以鲜鱼火肉之片，以烧豆腐粉条，则豆腐粉条之味，美不美乎？以价贵为美，乃富贵人家，平时食品，以极饕餮之能事，偶宴嘉宾贵客，唯有以价贵之异物炫新奇，而奈何社会间之不富不贵者，亦蹈其习而成为风俗也。

烹调之学，我国进化最早，火食以后，调羹之手，日有改良。虽酸咸异味，嗜好各殊，然口之于味，有同好焉。不知易牙，是谓无舌。乃海通以来，无论何事，必舍旧而求其新。其初通商大埠，西人侨居，遂有西餐馆设焉，华人偶入其间，一尝异味者，无非公署舌人，洋行执事，应外人之招，酬酢往还，不能不从其饮食之习惯。今则往还者非西人，所在者非口岸，亦若非入大餐馆无以示其阔矣。猪排牛尾，生吞大嚼，何尝甘其味，不过一餐数十金，以为场面若此，可以为交游光宠也，而奈何妇人女子，亦效其习乎。介乎中西之间者，则有和式，味之美不及中餐，价之昂亚于西餐，今以抵制热心，相戒不食，余亦不必赘论。

总而言之，饮食者，求悦我口者也。以价贵为美，则盍盛明珠宝玉于盘中，以代食品；以异样为美，则盍勿一嚼生豕之肩。社会风俗之可笑若此，不亦令人不可思议乎。

淑仪幼未入女学校，未习烹饪一科，于烹饪之经验绝无巧妙异人之处，然却抱定唯一之宗旨，对于食品，求其价贱而适口，清洁而有益于卫生而已。吾侪中人之家，生计不过如斯，而翁姑之供养，亲属之往还，友朋之酬酢，不能菜羹疏食，效田家之风。然若朝开一宴，需金数十翼，暮进一餐，需银数元，源泉易竭，口欲无餍。他日将及余之身，求粗粝而不可得，即白头堂上，虽非肉不饱，亦甚不愿儿妇辈之不善持家如斯也。故余之"价贱而适口，清洁以卫生"之宗旨，不独余夫赞成，堂上翁姑，亦努力加餐，谓胜于日尝异味。想诸姑姊妹，除席丰履厚，不知稼穑艰难者，均当与余表同情，而不嗤余为贫妇口吻也。

今岁仲夏，罢学风潮，磅礴全国，余夫亦去却垩笔，归里少休，时执教鞭者多相继回里，友朋久别，杯酒往还，亦人情所应有。余夫亦崇俭者流，提倡社会教育，改良家庭教育，常引以为天职。所与交游者，多道同志合之士，不以奢侈相尚。某日将邀友午餐，恶餐馆之豪奢，命余备家蔬。余夫之宗旨，不必尽遵俗例，不必尽废旧俗，但足以供醉饱，而不趋于奢靡，足为友朋酬酢之取法而已。余应之，乃开一菜单，与余夫斟酌。

五大菜：火腿煨鸡、清蒸荷叶肉糜、烧素鹅、清蒸白鱼、三丝汤。

两中碗：炸薄荷肉饺、炒虾仁。

八碟：火腿、咸蛋、拌鸡杂、酱猪排、拌猪腰片、拌绿笋、拌莱菔丝、醉虾。

晚间并开一购物单：

母鸡一只（重二斤外）、猪肉二斤、鲜猪油一斤、猪腰一枚、子虾一斤半（夏令虾，皆有子，洗子者易腐败，且需虾子用，故购子虾）、白鱼一条（重斤半）、香菌五钱、绿笋四两、白糖半斤、芡粉一两、椒末二钱、麻油二两、酱油一斤、醋一两、腐皮十张、香干二块、莱菔四文、生姜葱十文、干面六文、火腿一斤、咸蛋三枚。

此本一寻常菜单耳，何足以供研究？但有三层可以注意之点：

一则绝无外货，<u>鱼翅海参</u>，借重他味，且近来市上所售，大半皆某国之货，我国南北洋海味，出品虽多，但吾侪无辨别海味产地之能力，且价值既昂，仍借他味辅佐，故以不用为是。

二则所取材料，除缺乏河流之地，皆可购买。

三则一物可作数种材料，需费甚少。

是日晨六时起，家人洒扫，余即晨妆，七时出购物单，命老仆往市购菜，小婢朝炊，余入客厅，略事整理，并为小儿女梳洗。八时仆已购物归，阅单过秤后，即命老仆宰鸡去毛，小婢洗火肉，余待翁姑朝餐。

餐后，余剖鸡净洗，婢扇炭炉，置鸡罐中，与火肉同煨。老仆至后院，摘取薄荷新叶约百六十张，荷叶两张，与姜葱同洗净。

余卷腐皮成条，包以麻布，杂以细绳。腐皮系今晨所制，新鲜合用，但麻布上宜略撒食盐，免化成豆浆，置水锅中，令婢烧之。余乃泡香菌、绿笋，切成丁，撕为<u>丝</u>；并切莱菔丝，以白糖少许腌之；切香干丝，泡以沸水，去豆气也。老仆则洗茶杯及席止应用之碗碟杯箸。

婢盛素鹅来，余乃解卷切成片块。命婢洗虾子，余切猪油成块并小丁少许。老仆出邀客。婢择虾之大者，剪去须脚约重四两，入酒少许覆碗中。时已十时三刻，火腿已烂，命婢洗猪肉，余将罐中火腿取出，并倾出鸡汁一碗，留待他用，鸡罐仍置火炉上文火烧之。

命婢捏出虾仁少许，切葱成末，捣姜为汁。余将猪肉上排骨，带肉少许切下，去皮，切肥肉为丁，则瘦肉和虾仁成糜，入盆中加麻油、酱油、白糖、虾子、葱末、姜汁，尽力和之使匀（凡肉糜之老，其病有二：一，肥肉与瘦肉同劙，不知瘦劙肥切；二，和芡粉于肉内，不知芡粉只能用于糜外）。摊荷叶一张于盘中，略带芡粉，团为肉糜，一一排列，覆以荷叶，留肉糜少许，以待他用。

令婢去鱼鳞，剖腹洗净，以酒和姜汁涂之，盛沸水于盆中，投鱼其中，随即将水倾去（蒸鱼非腥即不熟，涂姜酒则去腥，沸水穿之，则蒸易透），抹干，加酱油、生板油丁、香菌、绿笋丁，切火腿片，加少许于鱼上，鱼及肉糜盘皆置蒸笼中，令婢用细火烧之。投猪排骨于锅中。

时已有客至，老仆出奉酒烟。

命婢淘米，余先切咸蛋，次切腰片，穿入沸水中，随即取出置碟内，再将猪排骨取出断成寸长，入锅加酒少许煮之，去汤，取酱油加滴醋少许，和以白糖，略加芡粉，和匀入锅，俟汤将干，盛入碟中。并将醉虾中加酱油、麻油、椒末，腰片中亦如之，唯椒末仅比醉虾中四之一耳。莱菔丝则加麻酱油醋，绿笋中加麻酱油，复将鸡爪取下，去骨，硬软肝及心，皆切为片，亦加麻酱油。八碟已齐，客亦苴止。

令婢炊饭，移肉糜、蒸鱼于饭锅中，另一锅熬油去滓。

余取薄荷叶两片，夹肉糜少许，调干面蘸之，婢则捏取虾仁。

钟鸣一下，命老仆布席上菜碟，余取大碗盛鸡，加火腿片，令仆呈送席上。余将油入锅中，令婢烧细火，炸薄荷饺熟，约八十枚，分盛两盘，多者奉客，少者奉翁姑，盖恐老年人饭迟腹馁也。

去油锅中碎滓，和茨粉极少量，加酱油、白糖、葱汁、葱末和匀，取虾仁、绿笋、火腿丁入油锅中，急以铲搂匀，即将作料投入，随即起锅，油多作料适量，故虾仁白而不红，衬以笋绿肉红，尚堪下箸也。

锅洗净后，即烧素鹅，加白糖、酱油、猪油、虾仁、香菌、绿笋、火腿同烧之，倾鸡汁半碗其中，并加茨粉极少量，烧成，盛碗中，加麻油少许，命老仆并取肉糜白鱼陆续上。

然后洗锅净，将干丝、火腿丝、绿笋丝加鸡汁煮为汤。客既酒止，盛饭及汤上，既醉既饱，客乃散席，余亦率小儿女随翁姑在堂中午餐。

四时许，客已散，余询余夫："座中八人，菜尚足食否？"曰："足。""味尚可口否？"曰："可。"余夫曰，菜虽不多，客皆畅乐，谓余家宴会，可为社会法，并谢余劳。余曰："劳则未也，能不为友朋所嗤，幸矣。"

余夫询余此席，约费几何？余出购物单与余夫阅，价皆开于其上：

母鸡二斤半计钱三百九十六文、猪肉二斤三百六十文、子虾一斤半一百八十文、猪油一斤二百八十文、猪腰一枚八十文、白鱼一斤六两二百二十文、香菌五钱七十文、绿笋四两八十八文、白糖半斤九十文、茨粉一两五文、椒末二钱三文、麻油二两二十四文、酱油一斤一百九十二文、醋一两八文、腐皮十张七十文、香干二块二十文、莱菔四个四文、生姜葱十文、干面六文、火腿一斤五百二十文、咸蛋三个五十四文，合计二千六百八十文，洋价一三五克洋一元九角八分五厘。

此席之费不及二元，即加以薪炭、茶水、烟酒、米盐之费，亦不及二元六角也，比之餐馆，贵贱何如？余夫闻余言，强余以一席话录登《妇女杂志》，为宴会改良，去华崇俭之倡，余曰："女界中贤于我者有亿万人，何必劳劳笔墨，将以君之宴客费加倍取偿于《妇女杂志》耶？"余夫笑曰："不然，贤能妇女虽多，皆不肯以己之所行，为他人言之，其实光明磊落之事，何不可言？自觉觉人，儒家佛家，皆以此为宏誓愿，汝又何必惜墨如金乎？"余亦无可如何，从余夫之命而已。

原载《妇女杂志》1919 年第 5 卷第 8 期

烹饪科和味之原料

缪程淑仪

烹饪之学，近世女校，立为专科，非令全国之妇人女子，相率而为饕餮之流也，保卫身体，增进食欲，俾家人治事之余，努力加餐，不至食难下咽。而高堂供养，甘旨堪尝，宴享亲朋，调羹有味，亦免贻厨头娘子，有咸无淡之讥耳。

烹饪之道，首在选择材料，淑仪前所著《改良宴会》篇中，已略言之矣。至于烹饪之方法，生熟之节，酸咸之宜，则在实地练习，非可以计斤两而烧柴，刻时间而候熟也。然而同一材料，同一烹饪之手，或有食之无味之时，其原因果何在乎，则和味原料之关系也。同是一盐也，若者鲜咸，若者苦涩；同是一醋也，或则香酸，或则臭恶。价值之贵贱，固足以分物质之优劣，而亦在选择之精，不必价贵者皆为佳品也。倘使用变味之醋，苦涩之盐，虽有鲜美之材料，易牙之能手，亦不能鼎鼐调和，香生齿舌。而和味之原料，尤以酱为主要品，不独酱油原料，非酱不成，即各种美味之小菜，出于酱制者，殆占其大多数。酱园一业，舍酱无主要之原料。余乡业酱园者有谚云："多做一缸酱，赛添三亩田。"利益之厚，盖可知矣。而奈何居家者于家常日用之品，亦不肯自制乎，市售之酱，大半皆已经酱菜之糟粕，其鲜美之味，已为酱菜所吸，故其味迥不及自制者之鲜美。且酱园之酱，分为两种：一为面酱，一为豆酱，面酱甘而少鲜味，豆酱鲜而少甘味。然果为未经酱菜之面酱，未经抽取酱油之豆酱，其味尚佳，但和以酱物之糟粕，或已抽酱油之渣滓，则甘美之味已失，唯余苦咸而已，酱之本味失矣。

酱之一物，所以为烹饪科中主要之原料者，因酱之一物，含甜咸鲜之三种滋味，盐有咸味而不能有甘味，糖有甘味而不能有咸味，即以虾子鸡肉之汁，和以糖盐，做成卤子，味非佳，但经宿即腐败，唯酱则兼有三种滋味，且能经年不变色味。且五月以后抵制某货，糖价之贵，倍蓰往日，若有佳制之良酱，则和味之时，糖之用量，至少当减少三分之一。但非所论于市售之品耳，大凡家庭经济，积少成多，一家用酱及酱油酱菜之费，若一日用三十文，所费至微，而一岁计之，即积钱十余千，以十余千文，日购劣味之酱油酱菜，则盍勿自制佳酱，所费无多，而终岁得尝佳味乎。

余家每年夏秋之间，制酱一次，足敷一岁之用途，但与市售之品，原料稍异，制法亦稍有不同，味之鲜美，亲戚邻里，殆无不赞美不置，而烹饪之时，无论鱼肉菜蔬，但用酱少许，较之酱油之味，甘美良多，虽不能舍白糖而不用，而用糖之量极微，味则甚甘也。余家制酱，虽与寻常制法，稍有不同，但法亦至为简单，居家者皆可仿效，即学校中讲烹饪一科者，亦大可注意也，爰将制酱之手续，一一述之，以供吾女界中仿行焉。

材料

　　寻常豆酱之制法，皆用黄豆煮熟，拌以面粉。面酱之制法，则纯用干面。而余家之制法，则舍黄豆而用蚕豆，其制法与做豆酱不同，而与制面酱则大略相似，当于下节详述之。而材料之配制，则面粉二十斤，蚕豆六升，盐六斤，制量之多，即以此为一定之比例。其所以不用黄豆而用蚕豆之理由，因盐豆味鲜。尼庵僧寺之素面，虽用麻菇、香蕈，而无蚕豆之汤，则不能浓厚，而鲜味亦不能调和而适口。蚕豆之味鲜而甘和，迥非鲜而败人口味者可比。家制之酱高出市品者，职是故耳。

制法

　　造酱之时候，以夏末秋初为宜，其手续当分为三项：

制饼

　　先以温水泡蚕豆，剥去豆皮，入锅煮之，汤须宽大，煮至极烂为度，若蚕豆不易烂者，可略加碱水数滴，待烂熟之后，以铲捺之，使成豆泥，即以此豆泥略加滚水，和入面粉，揉至极匀，做成碗口大之饼，烧滚水锅，将饼穿入水中，俟饼浮起，则酱饼已熟，捞起摊板上，置日光中晒之，两面皆晒至七八分干，撅成四块，即带热入匾上黄。

生菌

酱之佳味，全在菌中，俗称上黄，因其色以黄为佳故也。上黄之法，即铺酱饼于匾中，以厚薄均匀为度。须先采秼秋叶或壳，树叶刷净，约铺三四层于酱饼匾上，置诸空气不流通之处。看天时之寒暖，若天气寒，则加铺麦草或旧棉衣于叶上；若天气暖，则将麦草薄铺，再暖则单用秼秋叶；昼暖夜寒，夜间当较日间多加取暖之物，时以手伸入匾中，测热度之高低，若手在匾中觉气候之太热，即须将上覆之物取去一层。最好用测病人口中所衔之寒暑表，置酱匾中，时常取出阅之。以温度在八十度以外九十度以内为最相宜，倘受高热则菌色黑，受凉则菌色白，皆不能有佳良之味。倘天气热，则五日即已成熟；天气凉，则七日方能成熟。以黄色之菌满布酱饼上为最佳。成熟后取出，仍置日光中曝之，以待泡酱。

泡酱

制饼之时，即预取甘泉井水，和盐入缸中，滤去不洁之物，置日光中晒之。酱已生黄，晒两三日，即泡于盐水中，日晒夜露，缸面一层，晒既变色，则待次日早晨，日未晒至酱缸时，以竹箸搅之，将缸下之酱搅上，如是者七八次。但不可在日光中，或日光过后搅之，因热气未退，被搅则变法发酸；而将雨之时，尤须遮盖完密，使雨水勿渗入缸中，致变味生蛆。待晒至黄红色，厚若浆糊，即无须再晒，分盛小坛中，此坛食尽，再食他坛，坛口亦须封固。虽至次年新酱已成熟之时，味不他变也。

用途

酱之用途至广，不独熬煮椒酱酱肉等物，以之为必要之品，大凡烹饪鱼肉菜疏之需用酱油者，代之以蚕豆之酱，其味皆佳。若欲酱菜及抽取酱油，则宜另贮一缸，将各种小菜以袋分盛，置诸缸内。制一竹篾帽筒式小罩，置诸缸内，其抽出之酱油，味美无伦，绝非市买者所能及。但既酱菜抽油之酱，其渣滓之味，远逊原酱，只宜加以菜油辣椒，以供仆婢之下粥品，亦非弃材也。若供烹饪和味之酱，则万不可抽油酱菜，使失其佳良之味耳。

用费

制豆酱之面，无须机器面粉，但择上中等之寻常干面足矣，姑就今年材料之价值计之：干面以五十文一斤计，则二十斤费钱一千；蚕豆以六十文一升计，则六升费钱三百六十；盐价各地不同，姑以折中之价计之，每斤七十文，则六斤之价为四百二十，合计不过需钱一千七百八十文。煨豆煮饼，需用柴薪，而盐价有贵至百文外者，宽其裕算，总不出银圆一元五角。以经济言之，以每年零星费钱十余千，与一次仅用银一元五角相比较，孰为节俭孰为浪费，不待心计之巧者，始能知所取择也。

大凡治家之道，经济之盈亏，其关系果何在乎？凡物皆取给于人，则其浪费积少而成多，涓涓不塞，将成江河。财政匮乏，为期不远。苟家常日用之品，苟非待乎机械之巧，或需用之途少而手续极为繁难者，皆手自制作，则铢积寸累，经济自丰。譬诸川流，流之节也，水自难涸，岂能因一日之费用无多而遂忘统计两字乎？余之所言，言非提倡许行之说者也，耕而后食，织而后衣，万非通功易事以后所能行，但安坐而食，无所事事，在男子则为游民，在吾女界而有此恶习惯，置家事于不问，甘作玩物，儿女子等相习成风，社会风俗，尚可问乎。

治家之道，不能出一"勤"字范围之外。我国职业少而男子多，社会上之职业，尚未至女子妇人操执之时，外不能生利，内不能节用，是驱其男子而为贪官污吏强盗劫贼矣。谚云"家有贤妻，夫免下流"，妇人之贤，其范围甚广，而"勤俭"二字，其一端也。

余之所述造酱法，不过家庭中工业之一端。在乡村妇女，略述其材料之更换，即可了然。而余今兹所述，反复叮咛，若不嫌其辞费何哉？吾女界中人，往往有愈文明而愈不能经理家政者，言之不详，则成绩之不良，必以余言为误谬。因噎废食，家庭之工业，不独不能提倡，反因余言而有退步矣。此余之所以既进劝导之辞，而又细述制造之法也。

原载《妇女杂志》1919 年第 5 卷第 11 期

秋季食物之储藏

缪程淑仪

秋风洛水，张翰思鲈；黄颔白龙，卢悰恨雕，此味之美而异地难求者也。洒孟宗之泪，求鲜笋于寒冬；解王祥之衣，索鲤鱼于冰泽，此味之美而异时难得者也。千里献荔枝之实，只为玉环；五日食花猪之味，句传坡老，此在贵妃之尊，宦游之地，或可纵其嗜好，餍其饕餮。舍此则虽馋涎欲滴，亦难得异味之尝。况樱桃未熟，欲煮鲥鱼，木叶凋零，思煎早韭乎？

吾侪妇女，经营家政，以家庭经济量入为出为原则，席丰履厚之家，社会中只有最少数，中人以下之家庭，在此米珠薪桂之时期，更何能斗异翻新，若大菜馆大饭庄之搜求市上未售之品。然而进盘殽于高堂，奉杯酒于戚友，岂能菜羹蔬食，日无变换，佳宾在座，盘仅齑盐乎？

烹饪之事，本为我辈之职任，乏甘旨之养，子之不孝，妇之罪也。待亲朋之薄，戚友之讥，女子之羞也。则求其经济之节俭，而又能尽中馈之职，则平日不可不研究食品储藏之法矣。

夫旅居上海，侨宅京华，食王瓜于正月，剥蚕豆于初冬，视为固然，绝非异事。而罐头之品，更四季无缺乏之时。在今日大交通之世，以国内方物言，北至关外，南至粤东，特产之品，皆可遍尝。虽远而至于国外，欧美之奇珍异味，亦可尝鼎一脔。萃东南西北春夏秋冬之物品于一席之中，只须不惜金钱，亦可咄嗟立办，非奇事也。

然而不时之品，价恒贵至数十倍，罐头食物，价亦贵至三五倍。地不能交通皆若京沪也，家不能富有皆若恺崇也，则舍居交通繁盛之地，资财富有之家，苟留心于家政，不肯用金钱如泥沙，注意于烹饪，不肯以藜藿待亲友者，当必愿闻淑仪之言矣。

淑仪前曾著有《改良宴会之一席话》，发表于本年第八期杂志中，其主意本不在乎尚新奇。而今兹之作，则专言非时之食，岂非两相背谬乎。不知淑仪向抱有"节俭"两字之宗旨，以多金索珍品，虽味如龙肝，亦非所欲；以贱价购佳物，则翻新立异，亦不惮烦。近来烹饪之事，女校立为专科，但普通之弊，留心西餐之制法，而不注重中国食品，注意于烹饪之法则，而不留心于材料之储藏，此淑仪所以欲补其偏而救其弊，不惜琐屑言之也。

余曾记某年正月，往亲戚家，春盘上献，中有薄荷饼一味，同席姊妹，诧为奇事，尝为异味，他种肴馔，至少必剩其半，而此则食之殆尽。询诸主人，何从得此鲜叶？主人微笑不语，余取其一细察之，知其叶非薄荷而味则薄荷也。席散之后，余询主人，此为青菜之叶，而涂以薄荷油者乎，主人笑颔之。

夫赝鼎乱真，人犹奇之，况其真者。苟储藏之得法，则开盛宴，娱嘉宾，生面别开，而又无多花费，非寒素人家宴客之唯一妙法乎。淑仪今之所言，开秋季所有之物，其储藏之法，又极简单，不借机械作用，其储藏之物，至少亦可用至来春。其价值又皆甚廉，无贵重之品。想读者诸君，皆可乘此秋季一试之也。

　　夫鲜美之物，春末夏初为多，余何为独舍春夏而有取于秋？不知黄梅时节及天气暑热之时，储藏之物，除罐积之品，不与外间空气流通，其余则易生霉菌，或至腐烂，不若秋令择空气干燥之时，取秋令佳品，可为烹饪材料者，预为储藏，则残冬时节，雨雪载途，春雨连朝，淋漓满道，或客来之不速，或菽水之承欢，不致有酒无肴，令易牙束手也。

　　秋季佳品甚多，淑仪所述，仅取一斑，因此推彼，女界中不少慧质，正不必一一详述也。

菱角

　　菱角一物，不仅生者味鲜，热者味甘，可供随意吃食也。若红烧鸡、红烧肉中衬以菱米少许，煨至极烂，味亦佳美。但自七月上市，重阳以后即成菱种，老不可食。储藏之法，即将菱之半老者煮熟（嫩者不可用，太老则干而不润），以刀斫去其壳，置日光中晒之，晒至极干，贮入干燥器皿中，密盖之，随时可以取食，唯食时须入罐中加水煨之，煨至极烂，或加糖以代餐，或入烧鸡、烧肉中，以吸收鸡肉之汁，则尤为佳美，以之佐酒，较胜他蔬。至来春须常在日光中曝之，但至梅雨时候，则易生霉点矣。

扁豆

扁豆一物，早者六月结荚，迟者至九月底犹可食，此四月中本为常食之品，无足为异，但至次年春季，绝不可得，物以罕而见珍，不必皆贵品也。余家每岁在七八月之间，摘其不嫩不老者，择天晴气燥之时，在锅中煮熟，不加油盐，煮以清水，待其既熟，在有小空隙之竹器上晒之。晒至极干，藏于干燥器中。临食之时，先以滚水泡之，然后再用平炒扁豆之法炒成，入于红烧鸭或红烧肉锅中，再加火工，几与鲜扁豆角无甚分辨也。

山药

山药本为秋季食品之佳物，寻常收储之法，皆将生者晒干，置于不通风处，然至冬季，受冻而坏；或有以干燥之泥封藏之者，然一至春季，生芽发青，又不可食。余家每年在霜降节后，择肥而无筋之山药，入锅煮熟，剥去其皮，置日光中晒干，碾为泥，入锅中，微火焙之，火宜极小，焙至干燥，色带微黄为度，以干燥之器盛之。食时，锅中烧沸水，取细绢筛，筛入锅中，一手以铲搅之，如调浆糊，调至极厚，铲起，捏为条，以木刻之山药形木模合之，其形状与去皮之山药相同。盛入盘中，加以荤油白糖，与糖山药无异，席中可作甜小碗。若烧红肉、红鸡、红鸭，以此作衬菜，味亦佳美。且山药为补品，唯苦于不能四季常有，今以此法储藏，则不致有缺乏之时矣。

晚豆

深秋之际，有一种晚豆，芳香无比，余乡俗名曰"隔壁香"。豆粒大而色红，煮于锅中，香溢于外，煮至极烂，荤食素食，其味皆佳。欲收藏之，以备不时之需，亦与储藏扁豆之法相同，但不可去壳，宜连壳煮之。与扁豆不同者，扁豆之皮可食，而晚豆之壳不可食也。晒时不去其壳者，因去壳则乏鲜美之味也。亦须晒至极干，食时去壳煮之，若用香干、虾米拌之，加以麻油、酱油、江醋，作下粥品，其妙无伦。或烧豆腐以作素菜，或烧红肉用为衬菜，无不佳美。有时以水煮之，加白盐少许，以作盐豆，其味亦佳。

蟹油

深秋九月，蟹正肥时，猪油熬蟹，可以久藏，此尽人所知也。然有二难，剥蟹之繁，此其一也；熬油之时，火工大则蟹肉老，火工小，则一至春令，油即变味，二也。故余几费思量，变通其法，二难俱免矣。法择蟹之肥而健者，折去两钳，倒悬蟹身，使钳孔向下，以绳穿之，置盘其下。蟹因折去两钳，必感疼痛，八足剧动，全身之肉成浆，由钳孔中流出，鲜有留余，极肥之蟹，亦不过留余蟹黄少许而已。连两钳煮之，仅费剥钳之劳，及去壳取黄之功，劳逸之相去远甚。将猪油熬熟，文火烧之，置蟹肉其中，出尽水汽。须备小洋铁罐若干个，另烧炭火炉，以洋铁罐置火炉上，将蟹肉连油，盛入罐中，乘油沸时盖好，密封其口，涂以火漆，油罐冷则火漆亦干，罐中蟹油自与空气隔绝，虽久藏亦不坏，无论何时，皆可取食。且活蟹之肉，鲜美异常，与煮而剥之者有天壤之别。至蟹油之用途，则不胜枚举。若滨海之地，秋冬之间，欲久藏蛑螯，亦可劈出蛑螯之肉，依此法藏之。但蛑螯不多煮不能久藏，多煮则肉已老，嫩美之妙处已失。然其油则鲜美异常，虽牺牲蛑螯，唯藏其油可也。又熬蟹油或蛑螯油时，先于蟹或蛑螯肉中，滴酒少许，油将盛时，罐中宜先撒食盐少许，舍此不必加他物也。

　　以上诸法，皆淑仪平日所实验者。惜淑仪幼未入学校，未得女易牙之指教，今之所言，不过略举所知，以供留心家政者之采择，非贫婆嘴馋，好谈食谱也，诸姑姊妹其勿误会此旨。

原载《妇女杂志》1919 年第 5 卷第 12 期

春盘之研究

缪程淑仪

我去年著了一篇《改良宴会之一席话》，已经把现在社会上饮食奢侈的弊病，和那学时髦、吃西菜、不经济的害处，畅畅地谈论了一回，在本杂志去年的第八号上发表过了。现在到了旧历新年的时候，社会上的习惯，在这时候，亲眷朋友，总要大家请请春酒，这种礼节，也算是乡饮酒的遗意。亲眷朋友，大家聚会聚会，互相的联络感情，不是无故聚饮，也算个不可废的古礼。若是要改良烹饪，节省金钱，转移风气，这倒也是个机会。我们妇女，倒要担点职任呢。

大凡人家男子，他绝不会自己料理食事，他也不是一定要请人家吃大餐，或是一定要到馆子里去叫酒席，总因为怕自己家里烧不出个好菜来，惹亲眷朋友们笑话，所以才拚得花费几个钱的。能于家里做的菜，形式巧妙，食品清洁，滋味鲜美，样样比馆子里好，他们没有个不情愿显显他家厨娘的手段的，乐得少花费些了。况且馆子里的菜，总嫌它味不纯正，差不多有一半的菜，都是滋味相同的，所以现在常在馆子里吃的人，转喜欢尝尝家厨的风味。我们妇女，既然有烹调的专职，倒不可不研究研究了。

怎么样改良烹饪呢？从前我们妇女，虽然领了个当厨的职任，都喜欢死守旧章，全无一点的变换，几碗几碟的菜，都是刻板文章，今日你家请客，也是吃的这几样，明日他家请客，也是用的这几件，不晓得同是一样的材料，也可变化无穷，只要收拾得清洁，合着卫生的道理，烹调的滋味，同多数人的胃脘相对，那花样形式，都可以斟酌改良的。

怎么又可以节省金钱呢？现在馆子里的菜价很贵，明明不值多钱的食品，到了馆子里，总要卖你大价钱。照这样说法，开馆子就可发财了，但是他有食品之外的本钱，门面装潢，房租是贵的，电灯通明，器具精巧，厨司店役，哪一件不要费用，不在菜里算账？哪个人把钱呢？人家烧菜只要计算菜价，就是那妙手厨娘，也不要工价，怎得不比菜馆里省了许多钱呢？

怎么又可以转移风气呢？我家请客，是自己家里烹饪的，果然办得好，我家请的女客，下次请我，必定也要自己办几样菜，也显显她的烹调手段，好争胜的心，是天赋与我们妇女的，能够自己做得出来，总不肯让人专美。若是丈夫请的男客，他在人家宴会，见人家自己烧的菜好，回家的时候，必定也和妇女闲谈，下一次请客，他家里就也要试办试办了。这一来不是把社会上饮食奢侈的风气转移了么？

自己烹调，既有这些好处，那么我们家里今年请春酒，就可以实行了。但是究竟弄几样什么菜呢？我的主张，既然不喜欢奢侈，也不能待客过于菲薄，现在斟酌了个不丰不俭的办法，就用四个大碟子，四个大碗，四个中碗，大约和社会上的旧习惯，还没有不对的地方。无论他是守旧的人，或是时髦派的人，也没有什么话来批评不是的。我家所住的地方，是临江滨海，春天的江鲜海味很多，办这几件菜，随便凑凑，都可以得着绝妙的滋味。但是人家住的地方，不见得能和我们所住的地方一般，所以我说的以下这些菜，都教人家容易采办材料，也可照我所说的这几件试办试办了。

我先把那春盘的四个碟子配起来，说给大家听听，并不是荤素杂陈，实在照卫生学上，动植物的食品，是要调和的。

一，用变蛋夹火腿。松花变蛋，虽然味美，但是它的缺憾就差一点儿咸气，若是蘸些酱油，又有点改变了变蛋的真味，所以我想了一个法子，把切成了的变蛋片子，用三四分肥、六七分瘦的火腿片子，比变蛋片子三分之二的大，再把那变蛋片子平剖开七八分来，将火腿片夹在两层中间，外面看了好像就是寻常的变蛋片子，吃在嘴里，却别有风味了。这是我常用的法子，吃过了的人，没有个不以为好的。

二，用火腿鸡丁。将切下来不成片的火腿，切成碎丁。那鸡肉人家都喜欢吃脯子同腿子，颈项同脊骨上的肉不多，每每人随便吃吃，连肉带骨弃去，很不经济的，不如在鸡肉煨烂时，把颈项和脊骨上的肉，用小刀子把它剔下来，切成碎丁，略加些鸡汁，连火腿丁，做一个热碟子，比那鸡肉碟子，还好吃一点呢。

三，用虾仁梅花腰片。把猪腰切成片，不可过薄，总要有二分多厚，再切成梅花式。先把虾仁炒熟，须要极白，没有红斑。炒白虾仁的法子，不用酱油，仅用白盐及白糖少许，锅中猪油须要多放些，油烧滚了，一捞即起。再把猪腰炒熟了，稀稀地摆在虾仁上，红白相映，不但鲜嫩好吃，就是颜色也很为好看的。

四，用韭菜拌安豆。春初早韭，拌了吃，本比炒的滋味好，这是人所晓得的，但那安豆的嫩头，也是拌了吃好，况且拌安豆用的和味，也和韭菜相同，多是用麻油、酱油，再加少许的好醋，先用沸水把它烫得七八分熟，韭菜尤忌多烫，多烫就烂而不脆了。烫好了，摆在碟子内，将作料倾入，半黄半绿，颜色极好。吃的时候，或单吃，或拌起来吃，都可以的。

再谈那四碗大菜。从前人都喜欢用海味，不知道海味虽然中国南北洋都有，但是容易和劣货相混，我们妇女，没有辨别的能力，只好就地取材了。

头菜用烧牛肉。我所说的烧牛肉，不是寻常的烧法，先要拣那新杀的嫩黄牛肉，把血水漂半天，漂干净了，再在锅内烧一滚，拿出来，切成小方块子，将水汽吹干了。大致牛肉三斤，要用百花酒（产镇江）一斤半，小磨麻油半斤，把它一齐放在罐里，盖好了，再用洗净了的稻草少许，围在盖口，烧炭结六个，放在焖炉下层，晚间十时烧起，次晨，牛肉已烂了。食前两时，再加好酱油三两，冰糖一两，另加猪油，盖好了，另换烧得透红的炭结。吃的时候，香气扑鼻，鸡肉既没有它松烂，金华火腿也没有它鲜美，人也不知道吃的是牛肉了。

二菜用醋溜鲫鱼。做这件菜，寻常会做菜的人，大约都会的，但是有一层，炸鱼的时候，须要把鱼的水汽吹干；入锅的时候，油须极热，就不得往外炸了；鱼大背肉厚，须要把鱼背上，用刀花开；锅中的油，须要淹没鱼身，没有一点露在外面，两面递换翻动。晓得这几层，不问多大的鱼，都可以炸透了，连鱼骨鱼头都是酥的。汤用五分醋，三分酱油，一分白糖，一分猪油，再加点儿姜米，在锅里烧好，不必带芡粉，乘鱼热时倾入。

三菜用韭菜衬糖蹄。把猪蹄照烧东坡肉的法子烧好，韭菜炒熟，将汤全行撇去，把烧好了的糖蹄，连汤盛在韭菜上。

四菜用三丝汤。用六分之三的冬笋丝，六分之二的鸡丝，六分之一的火腿丝，加鸡汤烧滚，这种汤，比单鸡汤的滋味高得多呢。

四色中碗

从前酒席上，不是三咸一甜，就是两咸两甜，吃了甜菜，到了吃饭的时候，饭量必定减少，我不主张用甜菜，改着两荤两素。那素菜并不在乎口蘑、银耳，徒然浪费，要别致一点。材料虽然素的，却要素菜荤做，吃了干脆肥浓的荤腥，忽然吃点素菜，觉得非常的爽口，而且于卫生有益呢。

第一个中碗，用蒸酱肉。将来年的酱肉，从泥土中取出，洗干净了，在锅里烧一滚，分成几块，放在蒸笼上，隔水蒸熟。大约蒸两笼点心熟了的时候，刚刚到火候，取出来，切成不厚不薄的片子，不另外加什么物品，方显出它的本来的滋味来呢。

附制酱肉的方法：冬至后腌猪后髈，将肉擦透出汗，在缸中翻动几次，一月后拿出来，涂甜酱三次，每涂一次，要在太阳中晒三天，最好一斤甜酱里和四两白糖，三次之后，再涂麻油一次。把毛竹箬放在水里浸软，拿出来，揩干了，拿竹箬把酱肉包好，另取田内的有黏性的干净黄土，加碎麦秸和水成泥，遍涂竹箬外，约在五六分厚，悬在太阳里，把泥晒干了，挂在又透风又不见太阳的地方。要用的时候，取出来吃。虽搁个三年五载，也不蛀不煬不坏。如若泥土有了裂缝剥落的地方，必须再拿泥填补好了。这种酱肉的滋味，比金华火腿还要好些呢。

第二个中碗，用烧茄。干茄子是秋天的食品，若在春天时候，偶然吃到它，格外的新鲜。烹调的法子，先把那茄干用滚水发透，捞出来，再将布包好了，拧去水汁，放在极滚的油锅里炸一次，加虾子、虾米、冬笋、火腿、香菌、猪油烧好，它的滋味是很鲜美的。

附制茄干法：在秋天把嫩茄子剖开，上蒸笼蒸透了，以指甲能掐得动茄皮为度。拿出来把水分榨尽，平铺在竹筛里，上面略加一层细盐，就没有苍蝇聚集上面了。把它放在烈日中间晒干，或把筛子悬在火上烘干了，收起来不受潮气，绝不得坏。

第三个中碗是晚豆烧冻豆腐。春天没有鲜豆，乃是秋天收藏在家里的。收藏的法子，在上年十二号上发表过了。将热水先泡一泡，加在冻豆腐里同烧，香味很好的。因为这种晚豆，俗名本叫做"隔壁香"。春天气候暖和的时候，没有冻豆腐，要在冬天预先收藏。冻好了的豆腐，要把它放在锅里烧滚，将水榨去，再烧一滚，再将水榨去，三次后，晒干了，收起来。就是经过时霉天，也不得走油，可以今年冬天吃到明年冬天。用三分豆干，七分冻豆腐，加鸡汤、虾子、猪油、好酱油、白糖，多烧几滚，味更适口。

第四个中碗是蛋饺。蛋饺的制法，是把鸡蛋打开来，搅透了，预先把肉糜斩好，红烧或是清蒸都可以。锅中把油烧滚了，拿汤匙取一匙放在锅里，取少许的肉糜放在蛋中，两面合起来，包成半月形。守到蛋饺子全做成了，一齐放在锅里，加白糖、酱油入锅一烹。盛蛋饺的碗里，先盛少许炒熟的韭菜芽，其味更香些。毋论喜欢吃油腻，和喜吃清淡菜蔬的人，没有哪个人不喜欢吃它的。

我所谈的这些菜，不过是酌量配合的，因为头一碗大菜，用的是太牢，吃了这碗菜之后，若再吃太浓腻的东西，食量不大的人，就有点望而不敢下箸了。若是照那饮食卫生的原理，油腻太重，也不相宜，所以到了中碗就用两件素菜。吃饭的时候，不用别的汤，用三丝汤多加笋丝，也是取的清淡鲜美的意思。至于所拟的这些菜，有些材料，要在平时预备，临食的用费，并不过多。若是平时不曾预备这些材料的人家，也可以随各地方的特产换几样。总之，我们妇女既然有烹调的职任，就不能不时时留心，把这些材料预备预备，今年不能照这个菜单去办，明年也就可以试行了。

原载《妇女杂志》1920 年第 6 卷第 4 期

食蟹的常识

缪程淑仪

深秋的时候，起过几次的冷风信，市上的螃蟹，真是肉满脂肥，我们有烹饪责任的人，正好用它做一种绝好的材料了。当如袁枚先生说的，世间唯有鸡肉鱼虾，本味最高，其余的珍馐异馔，都要借重鸡肉鱼虾的滋味为辅佐。随园食谱，原是在烹饪学上很有研究的，所说的话，自然不错，但是在淑仪看来，螃蟹一物，也要与鸡肉鱼虾并列，没有高下可分，这是什么缘故呢？因为蟹的滋味鲜美，不但单独的佐餐下酒，为无上的妙品，就是珍馐异味和家常便菜，需用蟹味来调和它的地方，也很不少，所以食蟹的种种方法，是不可不研究的。

蟹的缺憾，只有一层，鸡肉鱼虾，是一年四季，日日可以取用的，绝无缺乏的时候，唯有螃蟹，夏季初生，稻粱熟后，它才壳满脂黄，一年中只有两三个月，供人大啖。其余的时候，冬末春初，购买不易；初秋季夏，瘦小未肥，任你是饕餮大家，易牙能手，也无法可想的。若是防备缺乏，除非在秋天多熬些蟹油，封闭收藏，可以用到来年春季。若再要周年不缺，就要照罐头的法子收藏（熬蟹油及装罐的法子，见去年本杂志拙著《秋季食物之储藏》篇），那就虽不能持螯饮酒，畅畅快快地一尝佳味，也可以调和五味，做烹调中的一个宾中之主了。

剥蟹的方法

吃螃蟹，是个个人以为一件乐事，剥螃蟹，就个个人以为一件苦事了。在那富贵人家，不在金钱上打算，蟹壳一揭，食取脂黄，至多把那蟹段中的肉剥些吃吃，吃余的蟹钳蟹脚，一概不要，原也不过烦难，但是未免暴殄天物，不是寻常人家均可这种吃法子的。折钳取肉的方法，肉甚鲜嫩，但是用蟹多的时候，一只只的螃蟹，总这样取法，又嫌太烦，要一气呵成，唯有仍用旧法蒸煮。剥蟹的器具，从前铜器店，有一种吃蟹的铜十件，但是表面上好看，实际的用处也不多。我住的地方，人家食蟹，都削一支竹蟹剔子，长约五寸，形式略同钢笔管，一端细而尖，一端略同斜口刀，锥形的一端，是推取蟹腿中的肉用的，斜口刀形的一端，是剔取蟹段及蟹钳中的肉用的，再用厨刀劈蟹段、拍蟹钳，器具已经敷用了。

食蟹的和味

蟹性剥削，因为蟹肉中缺乏脂肪质，所以持螯饮酒之后，须食肉类。我住的地方上，有一句俗语"蟹后一只蹄"，就是这个缘故。所以烹调蟹的时候，要多用猪油。蟹性沉寒，因为它是水产，又在秋令发育，所以要重用姜米。古人说的

"食蟹须用紫芽姜"，姜初生的时候，颜色红紫，取其嫩而不辣的缘故。蟹味与醋最相合，我们江苏省的醋，是丹徒、灌云两处的出产最好，丹徒的醋香，灌云的醋酸，用这两处的醋搀合起来，格外显出蟹的滋味鲜美。酱油也要用面抽（即面酱中抽出的原油）、板抽（即豆瓣酱中抽出的原油）搀和，再撒些蒜叶切的末子，备些白糖，有了这几种和味，无论怎样烹调变化，已经够应用了。至于烹调的滋味何如，就在各人用的分量适当与否了。

烹饪的方法

蟹的用场最多，各地方烹调的方法也有种种不同，现在把我们家乡最普通的烹调方法，拣几种写出来：

（1）姜醋蟹。蟹剥了，堆在盘子中间，蒸热了，临上桌的时候，把酱油、醋、姜米、蒜叶加在里头，这是阴历九十月间蟹多的时候普通的食法。

（2）烩蟹。锅中多放猪油，烧滚了，把蟹黄蟹肉倾下，炒匀，随即把和成了的酱油、糖、醋以及和水的芡粉少许，倒入锅中，再烧滚，加姜米、蒜叶，随即起锅。

（3）蟹炒虾仁。照炒虾仁法，和蟹肉蟹黄同炒。和味照炒虾仁法，加醋及姜米少许，或不用姜米，即滴入姜汁少许。

（4）蟹炒肉丝。照炒肉丝法加蟹，余与上法同。

（5）蟹炒鸡蛋。鸡蛋打开，蛋黄蛋白搅匀，将蟹黄蟹肉切碎，和在蛋里，在锅中摊匀，多加猪油，两面煎成老黄色，撕成寸许长的片子，加酱油、糖、醋，烹透即起锅，撒蒜叶末子少许，与寻常炒蛋的味大不相同。

（6）蟹炒鸡杂。照炒鸡杂的法子，加蟹黄蟹肉在里面同炒，但是蟹黄蟹肉须先用姜汁和醋拌之。

（7）蟹炒腰片。与上法同。

（8）蟹炒鳝丝。黄鳝（即鳝鱼）先切成薄片，再切成细丝，将锅里的猪油烧得极透，将鳝丝倒入锅里，一搂，随将蟹黄蟹肉加入同搂匀，将和成之酱油、糖、醋、姜汁随即倾入锅中，汤滚即起锅，炒时灶中火须极旺，否则鳝丝既老，不中吃了。

（9）姜丝蟹。紫芽姜切成细丝，滚水中微烫即起，青蒜亦切细丝，姜丝三分之二，蒜丝三分之一，与蟹同照烩蟹法烧之，汤不要多，是下粥的妙品。

（10）蟹斩肉。猪肉三四分瘦，六七分肥，先把肥肉切成细丁，瘦肉斩得极细，把剥成的蟹黄蟹肉，拿姜汁和糖醋拌匀了，与肥肉丁一齐和在瘦肉里，搂得极匀，再照做斩肉的法子，团成肉圆，或红烧，或烧青菜，味皆绝美。

（11）蟹烧青菜。先把蟹照烩蟹的法子烩成，再把青菜心用猪油或菜油炒好了，加水及烩蟹烧之。

（12）蟹烧莱菔。莱菔切成小块子，用滚水一泡，去其辣味，煨至将烂时，将蟹黄蟹肉加入，再加酱油、猪油、糖，煨至极烂，起锅时加蒜叶。

（13）蟹烧豆腐。先将蟹黄蟹肉照烩蟹法烩成，再把豆腐切成细丁，清水汰过，入锅中用蟹汤烧之，略加芡粉，起锅时将烩蟹和入，略撒蒜叶末。

（14）蟹烧百叶。百叶切成细丝，以烩蟹加猪油、酱油、糖入锅，烧至百叶纯软，起锅时，加蒜叶末。

（15）蟹烧鱼翅。鱼翅发透，先煨烂，加蟹黄蟹肉，照红烧鱼翅法烧之。或单用蟹，或蟹以外，加虾仁、鸡肉、冬笋、火腿皆可。

（16）蟹烧鱼皮。与上法同。

（17）蟹烧鱼肚。与上法同。

（18）蟹烧海参。与上法同。

（19）蟹烧燕圆。燕窝煨烂，分成条子，斩猪肉为圆，作包心，将燕条包肉圆之周围，黏以芡粉，则燕条俨如点心之面，用蟹红烧，味极好，但太靡费，非特别宴客，不必试食。

（20）蟹烧冬笋。冬笋切片，以烩蟹烧之。

（21）炒蟹。五六月间，取小蟹切为两段，略蘸干面，入油锅中炸片刻，加酱油、糖、醋、姜米，烧透后起锅。

（22）炸蟹。五六月间之小蟹，入烧滚之菜油锅中，炸至全蟹透酥，蘸酱油、醋食之。

（23）醉蟹。醉蟹有两种方法：一种炒花椒食盐，纳入团脐蟹的脐中，加烧酒三分之二，酱油三分之一，以汤漫蟹上为度，瓶口扎好，月余即可取食；一种也先炒花椒盐，纳入团脐蟹脐中，以酒十分之五，酱油十分之二，醋及麻油、砂糖各十分之一，贮在瓶里，一两月后，开瓶取食，味美远胜上法，且麻油上浮，空气不得侵入，开瓶日久，亦难变味。

（24）酱蟹。先把盐纳入蟹脐中，浸酒中一礼拜，取出，放在甜酱里，两月后再取出来吃，蟹不宜大，大就酱不透。

（25）蟹面。用烩蟹拌面，或再加鸡汤作汤面，若熬面炒面，加烩蟹尤好。

（26）蟹包。有三种做法：一种单用蟹肉蟹黄，斩为蟹腐，和味与烩蟹同，就用它做包心；一种斩肉，中和以蟹肉蟹黄；一种是照镇江汤包的做法，多加蟹黄。三种的滋味不同，各有妙处。

（27）蟹饺。滚水调面，滚成薄皮，用碗口覆成圆片，包以蟹黄肉馅，捏成饺子，或用油煎，或下在滚水里，熟了，用虾子、猪油、酱油做汤，作汤饺食之。

（28）蟹烧饼。先把蟹肉蟹黄切碎，照烩蟹法多加猪油，烧饼中先包莱菔丝，加蟹油在莱菔丝中，包好，撒芝麻入炉烘熟，与蟹包蟹饺的味另有不同。

去蟹腥及解蟹积的方法

剥蟹后，手和桌上常有腥气，用菊花叶擦洗立即除去。食蟹过多，沉积胸口，用紫苏叶（药店中买）三钱煎汤饮之，即愈。因为蟹性沉寒，紫苏是发散的药味，寒气既散，自然胸中畅然了。

藏蟹的方法

熟蟹熬油，自然以罐头藏积法为经久，若要活蟹藏到来年春间，可用竹篓一只，中贮生稻，把蟹放在篓内，加泥，扎篓口，在锅灶火门前，把土挖松了，埋入土内，三五寸深，冬眠期内，绝不至饿死及闭塞空气而死。或将蟹篓置木屑中，或稻壳堆下，冬令亦不得冻死。以上所说的这些方法，或是社会上的经验，或是个人试验所得，虽未曾说得周到，但是大致不过如此，至于烹饪上的变化，就在人的"神而明之"了。

原载《妇女杂志》1920 年第 6 卷第 12 期

饮食物

邢 大 安

刺激性饮料

咖啡（Coffee）

咖啡树属茜草科，原产在东亚非利加[1]，是热带国的特产物。收获咖啡果的时候，要等十分成熟，容果实用手一触即落的时期，方好采集。采集后用日晒干，再用臼将果实的外壳破碎，果肉用发酵或其他的方法除去后，专选它的子实，即我们所用的咖啡豆了。用咖啡豆作饮料，通常将它炒焦，但是焦的程度如何，对于质量上很有影响的，一般将生咖啡变成黄褐色，再磨成细粉即得。

咖啡的主要成分为咖啡素，含有成分的多少，因种类不同，不能一定。

未成熟的咖啡豆，或是未炒熟的咖啡豆，和用过的咖啡末，还有他种的类似品，全可混合。没炒的豆用赭石着色，炒过的用酸化铁着色，甚或加些水、土砂等来增加重量，次等的咖啡往往免不了以上的情形。

1.编者注：亚非利加即非洲。

蔻蔻阿（Cacao）

蔻蔻阿树属梧桐科，出产在中亚米利加[1]及南亚米利加的北部。制法先将果实切开，取出里面的子实。晒在日光底下，或堆积起来，使它自然发醇，就得所要的蔻蔻阿豆。将此豆炒成黄褐色，粉碎后，将油绞出即得。

蔻蔻阿的化学重要成分为贴欧布罗门、咖啡素、脂肪、蛋白质、淀粉、单宁酸、色素等。

乳制品

罐头牛乳

新鲜牛乳，用种种方法加热，使水分蒸发出去，成为一种稠浓的乳汁，再加适量的糖，装在罐头里面，即成吾人通称的罐头牛乳。日本称为"炼乳"。就此物的利点说，第一，较鲜乳不易腐败；第二，内容已加有糖类，用开水一冲，即可饮用，旅行携带及哺养小儿，均很便利。不过再就弊点来说，罐头牛乳，优良的固然很多，但是内容用脱脂乳（即将奶油提出之牛乳），或其他次等原料，以及混加淀粉、杂质等等的不良品，却亦很多，用者不可不慎。

1.编者注：亚美利加即美洲。

原料

宜用新鲜纯良的牛乳，但是往往有用提过奶油的脱脂乳（因奶油价贵，提取后所余之乳，售价较完全牛乳，廉至数倍），有将已然发酸的牛乳，加些炭酸加里[1]，依然使用的，无论如何，按照严厉的取缔规则说，作罐头的牛乳，其中含有乳酸不得过千分之一。

制法

用真空罐或二重壁的釜，釜底通蒸汽管，将鲜牛乳装入后，加温到摄氏七十度内外，不断地搅拌，容到水分蒸发出有三分之一时，再加入白糖（混加淀粉时，系将牛乳煎二次，第一次加淀粉，第二次加糖），冷却后，封入罐头筒内，大约用牛乳七八合，可以制成半磅的炼乳一罐。

质量及成分

炼乳优等品，呈乳白色，味甘美，黏稠适宜，对于味觉无粗糙之感，罐头的外观，亦要坚实。次等品多呈黄色，因为原料用的是脱脂乳，缺少脂肪，而又另加以其他脂肪类（如廉价的为油或阿列布油等），所以色泽不能纯净。又如舌头上面觉到粗糙时，那可断定有夹杂物混在里面，或是因为制

1.编者注：碳酸加里为日语词，即碳酸钾。

造时搅拌不匀，以致乳糖有结晶的缘故。最坏最明显的，饮用终了时，杯底存有沉淀污物许多，此种品决不宜用的。罐头牛乳中的糖质往往过多，我们饮用，有伤胃部，尤其是哺养小儿，更宜注意。

豆食品

豆腐

豆腐含有蛋白质及脂肪极富，且易消化，在中国及日本、朝鲜等地，为常用植物性食品中最重要者。盖以其滋养价既高，而制法亦甚简单，代价又廉，虽中流以下之人，亦可日常食用，诚为一种优良的平民食品也。有云僻乡农民，食料中之豆腐，其滋养率可以代都会之肉食，未始非经验之谈。

通常贩卖之豆腐，大别为南豆腐、北豆腐二种。南豆腐嫩而多浆，宜于作汤；北豆腐较为坚实，宜于油炸。考其制法及所用之凝固剂（即点豆腐原料），各有不同，又各地乡间，多能自行制造，其造法等，亦恐略有出入。本文以篇幅所限，不能一一详述，以下皆系笼统依次叙述，不过就中主要不同各点，特别提述而已。

原料

主要原料分豆及凝固剂二项，兹分述之如左：

豆

各种大豆，皆可供制造豆腐之用，但以黄豆为最佳，由纯粹黄豆制成之豆腐，色白而味美。北京有所谓白黑豆者，较黄豆价廉，但所成之豆腐，现青白或灰白色，味亦欠佳。此外如青豆亦可混用，冬季市售绿色之冻豆腐，伪称用玉泉山水所造，其实即此青豆之色，非水色也。

凝固剂

即凝集豆腐（北京称点豆腐）所用之药料也。原来豆浆遇酸性或碱性药料，皆能凝集，故可用作凝固剂之材料甚多，但就现时通用者为卤汁及石膏两种，改良凝固剂已成功者，为绿化钙[1]。兹分述如左：

卤汁分大卤、小卤二类，大卤即盐卤，乃食盐贮藏时所分离之液状苦盐汁，或制造食盐之际，所得之副产物，北京卤虾店售之，大批购时成坚硬块状，每百斤约售四元左右。小卤质尤不纯，多系由地土中制碱制硝时所得之副产物，唯价则稍廉。

石膏，制造南豆腐时多用之，效能同于卤汁，唯制成之豆腐似较鲜美云。

1.编者注：绿化钙，今作氯化钙。

绿化钙，挽近食品化学者，对于豆腐之凝固剂，颇有研究，发明之药料种类至多，但成绩最佳，而能见诸实用者，当推绿化钙一种。盖用绿化钙利益有二：第一，就吾人日常营养方面论之，食物米麦中所含苦土之量，较多于石灰，故制造豆腐时，能用富于石灰质之凝固剂最佳，而以绿化钙作凝固剂时，即较用卤汁之豆腐多含五倍量之石灰，故用此物点结之豆腐，当更有益于营养也。第二，用绿化钙时较用卤汁及其他凝固剂，所得之生豆腐，味颇鲜美，决无苦味，色亦洁白。

豆腐副产物

制造豆腐时，所得之副产物有二，一为与豆乳分离之豆腐渣（一名雪花菜），一为压豆腐时所出之汤（暂称豆腐汤）。兹分述如下：

豆腐渣

通常豆腐坊制造豆腐时，所余之豆腐渣，约占原用干豆重量之一倍（即如三十斤黄豆的原料，可得五六十斤之渣），故营斯业者获利之厚薄，即以运用此种副产物是否得法为断。而豆腐渣为用，在民间亦广，有供食用、饲牲畜及作田地肥料等用途，兹特分述之如下：

食用

食用亦可分为平民的与贵族的二种，北京车夫苦力以及极贫寒之家，多购此渣混于"杂和面"中食之，既可省费，且亦觉松软可食。又有纯用此渣佐咸芥菜，炒而食之者，此盖赤贫者之食用法也。但如以黄豆制造豆腐时，所余之渣，色洁白，味亦香甜，北京中上家庭往往特购此物少许，用猪油炒之，颇具特别风味。唯炒此渣较炒豆腐需油甚多，故曰此系贵族的食法耳。

饲牲畜

用如上所示豆腐渣，原为大豆蛋白之大部已除去者，故营养料不大，但通常用作饲料，饲养鸡、豚及乳牛等最宜。

肥料

用豆腐渣如已腐坏，可任其发酵，用作田地肥料亦宜。

豆腐汤

豆腐压榨后所出之汤液，据分析上之结果，含有有用成分尚多，亦可用以饲养家畜，又因其中含乳质（galactan）等可供洗濯之用，北京豆腐坊所余此种废物，多为猪肉铺取回利用，盖亦用以洗濯油布也。

原载《晨报副刊·家庭》1927年第68期

隽 味 琐 谈

青梅

SHA

蜜饯果品，种类殊多，但以青梅为最可口，酒后饭余，啖一二枚，甘冽透齿，清芳沁脑，盖去其酸分增其甜味而仍不失梅之本性也，故嗜食之者颇多。

青梅之制法，各地不同，苏人制者每留核，浙人制者大抵去核。留核者食时不能畅嚼，固为一般人所不喜，而去核者顾亦大有优劣，如宁绍杭州之梅，虽为出核者，唯因方法不良致梅肉非常瘦薄，才一咀嚼，便尔无物，以是食者辄不能细吮其味，实一大憾。此盖由于取核时系用砧取出，致贴核之肉，完全黏梅核而被带出，且皆为极柔嫩之梅瓤，至为可惜。唯塘栖之青梅则不然，既出核而肉又厚，鲜美脆嫩，味醇无匹，因取其核时系用雕挖法，仅仅将光核取出，所有附着核上之肉，悉存实内。是以论青梅，允推塘栖制者为最佳。塘栖本为产梅之地，独山、超山、蟠杨、横里等乡穷山幽谷，村前庄后，万棵千株，尽是梅林。有青郎头（梅名）一种者，实最巨，仿佛小桃，每库平一斤，仅有二十余枚，其大可知。色深绿，当初夏之候，结实满树，遥望累累，浓翠欲滴，煞是可观。即以生梅言，入口松脆，迥异寻常，酸分极少而唾液滋流，洵美果也。制为青梅，故能较他种为大，且味亦远过之。

制梅之法，手续极繁，兹将塘栖糖食栈中之制青梅法，略为介绍如下，以飨阅者。当四月中旬，梅子已熟（非黄熟梅之熟），各糖食铺皆派人下乡收买生梅，买归后则区其大小，分置数器，然后各自倾入一盐水缸中，腌出其酸味，约二三日取出。苍翠之梅，已成黄色，复用清水浸之。又约半日，始动手雕核。雕核之前，先用小刀在梅首（即有蒂处）纵横切三刀，成米字形，于是乃用一铜制之小勺，状如扒鸦片灰斗者而稍直，尖端且锐，在切缝中刺入，勺颇利，故伸入梅中，一经转旋，核与实即剖然以离，旋将勺一抽，核乃随之而出。此等工作，皆雇女工任之，切梅易，雕核难，故必分工以作。雕梅之技，大有高下，老于此道者，核上净白无肉，初学者且有将梅挖破之虞，故欲求其核上无肉，殆极难也。

核既雕出，仍起盐水浸之，盖酸尚未尽，有再腌之必要也。经数日后，复易以清水（淡水）浸去其咸味，彼时之梅，已如黄橙，无复些微之绿色。故盐味除去后，须投入矾水中浸之，使恢复其本色，然总不能如原时之绿，故须另加康青（颜料名）以染之，然后庐山面目，始得不尽失真，而青梅之名亦能名副其实矣。

梅经数次盐矾水之侵蚀，酸味虽去，而咸涩殊甚，故须不时易以清水汰其异味。然后再转入空净之缸内，厚覆白糖（大约半缸梅需半缸糖），务必四面揿紧，不露空隙。经若十日，糖悉化卤，于是再加生糖一如前状。前后凡加糖五六次，依次递减二成。唯康青仅染一次，于第一次下糖前染之，多寡亦有一定之比例，否则非病涩口，必病色不足。至末次加糖毕，即封贮之，阅半年后可食矣。

青梅如当年不能售尽，至第二夏季须防其变味。变味之初，缸中时作吱吱之声，而糖卤亦尽起泡沫，此时宜立将白糖加入，否则必霉烂而不可食，故青梅历年愈久则耗糖愈多。

青梅之成本，糖实占其重大部分，盖糖少非但不能使梅入味，且有败事之虞，故一生之值，仅一二文，一经制成青梅，即将售二三十文，较其原价，几二十倍之矣。

塘栖各糖食栈每年所制之青梅，不下四五万担（每担百斤），大抵皆于杭州天竺东岳春秋二香汛期内，售与苏常松沪往来香客者为多，此外尚有苏州各大糖食铺每年派人往产梅地就近监制者，亦有二三十万担之多，可谓盛矣，唯不在塘栖本镇，而在离塘十余里之小林村中耳。

原载《申报》1926年2月7日第23版

南京食谱

洒支

南京为首都所在地，各省人士纷至沓来，顾人地生疏，关于食物一项，茫然无所知者实居多数，因就其美者分别述之，曰首都食谱，庶老饕知所问津焉。

肉食

猪肉食法甚多，余所嗜者为白拌肉，制法甚简单。春季于肉肆中购肋上肉（俗呼肋条）一块，白煮使烂熟，然后切片，加顶好酱油与醋，与煮熟之春笋或蒌蒿同拌，味殊美，此家常风味也。屠户取精肉及肠肚、舌尾、豚蹄，入釜中，熬陈卤浸之烹之，傍晚出售，烹成之清肉曰腊肉，腊肉与肠肚等件统称之曰熟切，味极肥美，最佳者当推九儿巷口其肉肆。又火腿铺之香肚、香肠，亦脍炙人口，最佳者当推大彩霞街周益兴火腿铺。至牛羊肉居人食者尚少，制法似不及江北之佳。

鸡鸭

鸡鸭店随在皆有，业此者多回回人，最驰名者为恒源、韩复兴两家及其分店。鸭非南京特产，大都来自江北，畜之约三匝月，始可食。宰而去其毛，曰小晶鸭；涂酱于皮，煮之使透，曰酱鸭；火炙使皮红，曰烧鸭；但皆不如盐水鸭之肥美。

盐水鸭肥美时期有二：一在初春，一在仲秋，后者适值桂花初放，故又美其名曰桂花鸭。至冬则盐渍之曰咸板鸭，或简称之曰咸鸭，有生熟两种，生者曰鸭坯，销路至可惊人，盖远近皆目为新年无上馈赠品也，唯自煮鸭坯，往往肤裂油走，肉老乏味，殊觉可惜。其实鸭店煮鸭，无他巧妙，只须将整鸭煮至一滚时，取出，浸入冷水中，再煮再浸，如是者三四次，自无裂肤走油之弊，而后用文火煮之使透，即可食，然结果有时究不及市售者之佳，异矣。

烤鸭不及北京甜鸭之美，但在东牌楼宴乐春会食时，可嘱对门刘天兴鸭店代制挂炉鸭，味既可口，价亦不昂。诸鸭除水晶鸭须整个生鬻外，皆截其肫肝翅足，零鬻之，曰鸭四件。

鸡只油鸡（俗呼桶子鸡）一种，冬令始有，味绝鲜，截其肫肝翅足等件，菹而鬻之，曰鸡四件，亦曰鸡杂碎，佐餐颇可口，下酒尤佳。

鱼类

鱼类甚多，非隽品及由他方来者概从略。白色无鳞者为鲫鱼，肉肥。细身多刺者为刀鲚鱼，肉细，春令有之。扁身细鳞者为鳊鱼，肉细嫩。金鳞黑脊者为青鱼，肉尤细，四时皆有。白腹黑脊至冬尤美者为鲫鱼。长身细鳞者为白鱼。似白鱼而较粗者为鳡鱼，则以冬鲜者也。右述诸鱼，皆宜鲜食，唯冬季白鱼、鳡鱼，有先盐渍而后熏食者，佐餐极下饭。炒鱼片家袭者俱不妙，唯在各大酒馆则为拿手菜，通常用青鱼，旋牵旋制，肉嫩味鲜，令人百食不厌，而以桃叶渡口老宝新之炒鱼片为尤佳，曩者贡院街问柳园即以是而驰名，今则园易主矣。

蔬菜

初春有黄韭芽（俗呼韭黄），首夏有牙竹笋，皆隽品也。冬有白芹、雪里蕻、瓢儿菜，味绝佳，蔬圃中之特产也。年菜有所谓十样锦者，清香可口之蔬食也，无论贫富，皆以此点缀新年。制法先将十种蔬菜加顶好酱油分别切丝烹熟，而后合炒，唯配合失当，味反不调。余家十样锦，似颇可口，其材料则胡萝葡（盐渍晒干）、冬笋、臭面筋（制法详后）、白芹、黄豆芽、木耳、金针菜、生姜、酱瓜、秋油干十种也。

腐干

豆腐干随时可食者有三：曰秋油干，曰五香干（俗呼五香臭干），曰蒲包干。以秋油干为佳，下关善制之，味淡可供品茶，故又名茶干。生豆腐干有二：一曰白豆腐干，可煎可蒸，投白豆腐干于腌菜陈盐卤中，隔宿取出，蒸食之，别有风味；一曰白页干，销路大半在茶社，剖成片，缕切之，曰干丝，浸以秋油，配以生姜、芹菜、笋尖、虾米之类，物虽微而味甚美焉。

干丝制法有二，曰烫曰煮，烫干丝似较煮干丝为美，唯贡院街奎光阁、新奇芳阁、六朝居等清真茶社善制之，巩馆亦有此，特价值过昂耳。豆腐乳市售甚多，最佳者为南捕厅街全美酒栈。

点心

点心日凡二次，晨食之，曰早点心，下午增一小餐，曰中点心，可述者不外包饺面之类。荤馆点心之佳者，有贡院西街小乐意之炒面，与夫黑廊巷庆和园、利涉桥松鹤楼、贡院街万全酒栈、长松东号、大禄茶社之肉包肉饺。大禄茶社系扬州帮，价稍昂。教门馆点心之佳者，有道署街万成轩之牛肉面、牛肉、水饺，与夫贡院街奎光阁、东牌楼宴乐春之菜包菜饺（菜饺夏季有售），奎光阁、新奇芳阁之鸡面羊肉面酥烧饼亦佳。他如束牌楼陆万兴之糖煮藕，贡院街卫生斋之酒酿元宵，亦可食。

原载《申报》1927 年 12 月 30 日第 17 版

救荒食料之研究

天虚我生

向善行君来函，略谓《验方新编》所载救饥各法，均颇简而易行，究于人体生理，是否有益无损，颇怀疑义云云。栩按其第一方，为糯米三升、芝麻三升，各自用水淘净，以慢火炒熟，先将糯米磨粉，后入芝麻同磨为末，又用红枣三斤，煮烂去皮核，捣和为丸，每重五钱，日食一丸，滚水送下，可以不饥。如无糯米、红枣，则粳米、黑枣亦可，此方实即吾杭尼庵中所制擦酥，但不为丸，而为一口酥状耳，香味极美，耐人咀嚼，仅啖两枚即饱，每枚重约四钱，能耐四小时之饥。唯多啖，则胸次梗塞不舒，故宜细嚼，佐以茶水。吾家即尝制此为食，并不足奇。考之人体生理卫生学，凡人每日所需滋养料，以中等劳动者论，需要蛋白质一百三十克至一百五十克、脂肪八十四克、淀粉四百零四克、水二千八百克、盐三十克。蛋白质即维他命 A，为含淡素物，寻常食米一斤仅含三十六克，而糯米一斤则含八十四克，芝麻一斤则含一百二十三克有奇，故用芝麻一升可抵食米三升半，糯米一升约抵食米二升半。古人之法，亦正合于理化，具征格物穷理之功，固已至乎其极，但习焉而不察耳。

糯米芝麻，所含淡素甚富，自可以少胜多，唯其所含脂肪过量，胃液不能使之完全消化，故宜炒熟，使其油分发挥。加以枣泥，不过使其容易捏和，枣于脾胃有益，具详《本草》，故此第一方，决可用也。

其第二方云，板栗红枣胡桃，均去皮，柿饼去蒂，各等分，蒸一二时取出，放石臼中捣极融烂，捻为厚饼，以冬月修合曝干收贮，一饼可耐三四日不饥，过三四日再服一饼，更能耐久，谓能补肾健脾，润肺清肝，但须细嚼云云。

第三方云，黑豆七升，芝麻三升，水淘过即蒸，不可泡久，蒸过晒干，去壳再蒸，以三蒸三晒为度，捣为丸如龙眼大，每服一丸，三日不饥。予按板栗、胡桃所含滋养料，比之糯米、芝麻尤多，而黑豆尤比板栗、胡桃为多。

足见第二方之效力，固较第一方为大，而第三方则尤胜。吾杭每年度岁，必以糯米裹粽，其馅分数种，以黑豆去皮炒为泥者，谓之洗沙，即第三方也。其粗制者则以黑豆混入糯米，谓之乌豇豆粽。或捣豆成泥，并不去皮，谓之豆沙，皆取其易饱耳。或以板栗和入糯米，谓之栗子粽，即第二方也。又以枣泥为馅者，则第一方也。其以糯米粉为团者，则用芝麻、胡桃为馅，则又参用第一二三方，而洗沙汤团，或豆沙馒首，则亦本乎此义，是皆人所常食，又何疑虑之有哉。

其第四方云，红薯洗净蒸熟，候半干，捣烂，加糯米粥和如泥，糊竹箷上，愈久愈坚，不蛀不坏，如遇荒年，取手大一块，煮为清粥一大锅，食之能耐饥，或做砖块形，砌成墙壁，留用尤妙。予按红薯，殆即红心番薯，但学名为蓣，非薯，而称为薯者，则为薯芋，即芋艿头耳。《史记》卓文君云："岷山之下，野有蹲鸱，至死不饥。"盖"蹲鸱"即是芋头，肖其状之言也。唯芋所含滋养料，实比蓣多。

芋粉效用实比蓣粉为强，其第四方所用红薯，即指薯芋而言。芋种本有红白两种，白者皮薄而色白，用为蔬菜；红种则皮厚多毛，色带浅紫，即毛芋艿耳。此二物者，杭地均有设摊专售，以供劳动者之充饥，前者称为烘番薯，后者称为芋艿头，其价固甚廉也。

综观上述，足知《验方新编》所载之救饥法，实非妄诞，大可实用。值此办赈时期，有心者盍于此加之意焉。唯于饥者贪食，颇易致噎，是在当局者善为劝告，加以限制，庶不致有流弊，《验方新编》中，亦已详言之矣。

原载《申报》1931年6月19日第11版

梅之吃法

清瘪

余嗜梅，人或见之，牙酸涎流，避之唯恐不速，而余啖之，觉津津其有味焉。然《本草纲目》亦载之，固有药用上之价值，而《群芳谱》且著有煮梅之论，可知梅之为物，今特不研究耳，苟有科学思想者利用之，抑亦良好之食品，而有益于人生者，殆匪细也。

今岁梅之收获，较之前岁为丰，俗谓之熟年。实则去腊下雪稀少，虽罗浮庾岭，其性喜暖。而百年老干，名园古刹中，亦复樛曲万状，横斜疏瘦之后，结实累累，固不独吾邑为然。去岁每斤价值可售小洋一角，而其物犹求过于供，今乃仅售每斤铜圆四五枚，而竟无人过问，亦可谓相悬甚已，兼以兵燹，糖价过昂，而天多阴雨，购者益尠。前此以梅为树艺较便，栽植亦易，提创以为园圃中之佳卉者，辄曰“梅三桃四”，谓梅秧三年后，即可出品牟利，今则反是，不知梅之实用极广，价值既廉，而任其过剩，抑亦大可惜焉。

当避兵之际，余往珠溪，见市招有悬“清水梅皮”者，初以为异，嗣询之当地某君，乃知为特产。购而食之，厥味甚美，唯性过甜，其真已失。所谓清水者，非其实矣。而每岁市售，虽非大宗，获利甚巨。余因思梅之最为普通食品者，莫如陈皮梅，而今制此者，以其利之所在，恒以他物代之，名是而实非，苟有味觉，一辨即知其真赝。

实则制法极易，试以梅百斤，食用盐百分之十，置之于陶器中，使之上下平均。约三日后，再加以清水，减去其咸性，然后将水沥下，以糖液百分之五十，沉浸其梅胚后，约一日，则其酸素亦渐失，而与糖质成中和性，食之适口为度。其物之功用，较之梅酱、梅糊、梅板、梅苏、梅干，以及乌梅、梅粘，与夫冷麦、遮厘、咭汁、布甸等品实广，其调合之附属物，只须甘草、丁香、薄荷、姜末、八角而已，最佳复加以柠檬，或含芳烈之细粉以融和之，其味益妙。吾邑出品，视他处为迟，值此梅熟之时，苟能制之，且亦清暑辟秽家常之一良物也。

原载《申报》1932 年 7 月 12 日第 11 版

食品掌故

鲁伦

席上八珍

汉朝时候，我们的文化，已踏入第二阶段，而欧洲文明，才开始抬头，饮食也为物资文明的一种，我们有最悠久的历史。春秋时代，熊掌猩唇，已列入珍品，为诸侯们宴客所用了。

到了现在，八珍渐为习闻的名辞，可是八珍到底是什么？恐非一般人所完全明了，所以我特地来说它一说：

驼峰

驼马的背面，不是有两个高峰吗？里面的肉，脂肪质最富，所以滋味很肥美。

熊掌

读《孟子》，即知"熊掌亦我所欲也"的熊掌，可见古人是非常重视它的，据说烹调要用长时间的文火。

猴脑

相传袁项城颇嗜此，食时将猴脑打破，用匙取其脑汁，和以特制的鲜汤。

猩唇

猩唇是味美物稀的食品之一，所以《吕氏春秋》有"味之美者，猩猩之肉"。

鸽蛋

鸽蛋在现代，已不为吾人重视，西北人宴客，并且忌用鸽子一类的菜肴，古人因其味嫩，所以也列入珍品的。

燕窝

它是金丝燕巢，一种滋补的食品。

鱼翅

鱼翅可以分成脊翅、肚翅、尾翅三种，烹调宜用文火，又不可过烂，否则翅肉就要烊尽的。

鹿茸

鹿茸亦为肴中珍品，颇宜于老人。

淮城汤包

淮城汤包，知道的人并不多，可是一经尝试，便会念念不忘，可见它也是极有引诱性的一种食品。

据说淮城地方只有一家做得最好，换句话说，全国也只有它独家，又据说，吃的时候，至少要经过训练的，因为苏州汤包，汤都在碗里，而淮城的就不同了，一包鲜美的汤汁，都包在汤包的里面，倘使不曾"吮""吃"并用，那么你所吃到者，不过是些皮子之类。

猪的颈肉，价钱便宜，而肉味也最嫩，所以一切市上的肉点心，大都用颈肉作原料的。淮城汤包，注重肉皮冻，先一天连皮带肉，斩碎调味，再加烧烂，明日便将这肉皮冻在一起的馅心，包入汤包。一上蒸笼，"肉皮冻"感着热气，自动化成鲜汁，这种新异口味，读者也可以仿造的。

伊府大面

伊府大面，为福建汀州伊秉绶的厨司所发明，现在却是广东"妇孺皆知"的食品了，这也有一段历史，足为读者告。伊先生的书法，很有名，后来到广州做官，书生的生活，大概喜欢舒服的，厨司每天想法制造种种的菜肴，他吃来吃去，日久就厌了。厨司也觉得毫无办法，隔了好久，他忽然发明一种面点，但是又不知道能否合主人的脾胃。他用鸡蛋拌和面粉制成面条，配以鲜汤，主人吃了，大加赞赏，从此成了伊先生的嗜好了！

主人常用这种面来请客，客人吃了，只觉其鲜，至于怎样配合，大家莫名其妙，当时传遍广州的社会，伊先生告老回乡了，厨司使用这一秘密——伊府大面，开办菜馆，拉拢许多爱吃的人们。

现在伊府大面，由秘密而公开，读者想不知其中尚有这一段掌故吧。

原载《食品界》1933 年第 2 期

隽味掌故

胭脂

在这个年头儿，还来闹着谈吃，非但饕餮堪嗤，简直是"不知当务之极"，有些儿预备可笑了。可是，"食色，性也"！古人老早就告诉我们："吃和妖精打架一般，是天赋的本性。"既然吃是老天所赋给我们的本性，那么，除非地球毁灭了，字典里才没有这个"吃"字，人类一天存在，就得一天谈吃。从前人慨乎言之说，"失节事小，饿死事大"，我们知道东北叛逆们为什么会失节？大概是为了怕饿死？如果他们个个肯拼掉那个吃饭家伙，不就都成了忠勇的烈士了吗？可见得"吃"和"妖精打架"，同样是天赋丢不开的累人的东西。

话又说回来啦，别说那些叛国的奸逆，就是爱国的忠义之士，终究也不能真的不需要吃，饿死在首阳的夷齐兄弟俩，于他们的国家何补？现在伏处在东北山里面的义勇军，因为绝援挨饿，也就减除了抗敌的力量。孔老夫子于吃的自奉，极为注意，"鱼馁而肉败，不食"。讲究了吃，保养好有用之身，好去给国家尽力。我这话说得未免张大其词，好像有些不伦，但，比较唱跳舞救国论的，倒似乎实惠得多。

说下去离题太远了，就此一笔收住。我写这篇的意义，是要教一般人注意"病从口入"的吃，别太潦草，根据"鱼馁而肉败，不食"的原理，吃东西得要考究些，特为介绍几种前人经验过的隽妙美味，给注意保养的效法和参考。我既解释在前，大约不致再笑我是"徒餔啜"了！

著名的肴馔

云林蒸鹅

《倪云林集》中的制蒸鹅法，味美绝伦。先把宰好的鹅一只，要完整的，洗净后，用盐三钱，擦它的肚子里面，塞一带葱进去，把它填满，外面周身就统统满涂蜜拌的好酒，锅子里放一大碗水，一大碗酒，用竹筷架住鹅，不使鹅身近着水，灶内取三茅二束，缓缓地燃着蒸起来，尽柴烧完，等到锅子盖冷了，揭开锅盖，拿鹅翻了个身，仍旧盖好了蒸，再烧茅柴一束，烧完就好了。柴一定要它自己烧尽，不可挑拨。锅子盖用绵纸糊封，燥裂起缝的当儿，润一些水。起锅的时候，不但鹅烂如泥，汤也鲜美得与众不同。用这方法蒸鸭，一般的美味。每茅柴一束重一斤八两，擦盐时，入葱椒末，调在酒里和匀。

炒鳇鱼片

尹文端公自称治鲟鳇最擅长，但据吃过的人说，煨得太熟，很嫌重浊一些。苏州唐姓，有善于炒鳇鱼片的，切好片，油炮加酒，秋油滚过三十次，下水再滚，起锅后加作料，重用瓜姜葱花。又有一法，把鱼白水先煮过，去了大骨，鱼肉切小方块，再取明骨，也切成小块，用撇去浮沫的清鸡汤，再下鱼肉，煨二分烂，起锅，加葱、椒、韭，并且重用姜汁。

八宝豆腐

王太守八宝豆腐，是一种细致而名贵的东西。用嫩豆腐片切成粉碎，加香菌屑、蘑菇屑、松子仁屑、瓜子仁屑、鸡屑、火腿屑，同时放入浓的鸡汁里，炒滚，起锅的时分，用腐脑亦可，用瓢，不能用筷子。据说清朝的康熙帝，曾把这制法，赐给徐健庵尚书，为了这张御赐肴方，徐尚书在御厨房花了一千元的一笔巨费，这样馔肴的历史经过，真名贵极了。

程置蛏干

程泽弓置蛏干，用冷水泡一天，滚水煨两天，撇汤五次，一寸的蛏干，发开有两寸长大，形同鲜蛏，入鸡汤煨煮。扬州人大家效法，都不及程泽弓自己弄的好。

全壳甲鱼

山东有参将杨某，家里人能够制全壳甲鱼，斩去甲鱼的首尾，取肉和裙边，加作料煨好，仍把原甲覆在上面。逢到宴客，每一客的面前，各自献上一双甲鱼，放小盘里，不知道原由的，多吃惊，还怕那甲鱼会爬起来，不敢下箸就吃。

煨黄雀泥

黄雀，用苏州糟，加蜜酒煨烂，下作料，和煨麻雀同一方法。苏州沈观察煨黄雀，连骨和肉，一起煨烂像泥一样。这种黄雀泥的方法，可惜秘方不传。沈观察家厨馔的精美，当时苏州要算它第一。

杨公肉圆

杨明府制肉圆，大得和茶杯一般，就像现在菜馆中的狮子头才差不多，可是还要大些，而且制法也考究，细腻绝伦，汤，尤其鲜洁，入口像油酥一样。因为它制时去筋去节，剔除极净，斩得极细，肥瘦各半，用芡合匀，所以瞧瞧不过是平常一种肉圆罢了，却是费过许多精密的功夫上去，自然不同凡品。

素撰异品

吃肉朋友是不赞成吃素的，可是，素馔烹调得好，园蔬往往逾珍馐，至于能把素撰制成特异的吃饭，更是隽妙风味，远胜荤腥了。扬州定慧庵和尚，能够把木耳煨成二分厚，香菌煨到三分厚。先取麻茹熬汁成卤，把木耳或香菌切条，加冬笋丝同炒，倘使素馔荤吃，可以入浓厚的鸡汁烹炒，滋味别佳。天花章淮树观察家，弄得最好，上盘时要毛撕，不可以刀切。倘使用虾米泡汁，甜酱同炒，又是一种美味。

精致的点心

麻菇虾面

早一天，把麻菇熬汁澄清，第二天，把汁熬煮，加面滚上，颜色纯黑的，据说是暗用虾汁。这种面，扬州定慧庵和尚做得精美极了，却不肯传授制法给外人，可是人家也渐渐模仿得来。所用麻菇原汁，只宜澄去沙泥，切不可以换水，一换了水，就失去原味了。

千层馒头

杨参戎家制馒头，颜色白得像雪，细细揭开来，皮子好像有千层。当初扬州、常州、无锡等处，都有人学得它的制法，如今呢，得它真传的可少见了，上海人吃的千层糕，仿佛有些遗型。

软香名糕

软香糕，苏州的都林桥要算第一，其次是虎邱糕，西施家算第二，南京南门外报恩寺，要列到第三了。这三处地址，我想，此刻不见得还有这隽妙的名糕了吧，我们只好比作画饼充饥了。

方伯月饼

刘方伯月饼，用山东飞面做酥做皮，里面用松子、瓜仁做末，稍微加些冰糖细屑，和了猪油作馅，香酥柔腻，迥异寻常的月饼。

美人点心

仪真门外有一个萧美人，善制点心，像馒头糕饺一类的食品，都小巧可爱，所以愈加觉着齿颊留芬，分外可口，分外动人。

荷塘家制

泾阳张荷塘明府家制天然饼，用顶好上白飞面，加少许糖，和猪油做酥，随意搦成月饼的样儿，大约像碗的大小，厚二分多些，不拘方圆，用洁净的小鹅卵石衬着炉，随那饼自然烘起凹凸形状来，颜色半黄就拿起，松美出色，用盐做成咸的也可以。又明府家制花边花饼，好和山东刘方伯家的月饼媲美。用飞面拌入生猪油，成团，搦了近百搦，才用枣肉嵌进去做馅，做到碗一般大小，把手搦四边，成菱花模样，用火盆两个，合着火炙。枣肉不去皮，取它的味鲜，油不先熬，就要它的生，才妙。吃到嘴里，上口就酥化掉，又甜又松。做的时候，功夫完全在搦的手术上，愈搦得时候多愈妙，这都是荷塘明府家厨的绝技。

吃的东西，当然不止菜馔和点心两类，可是，菜馔和点心，总要算食品里面最占重要位置的部分，其余，为了篇幅关系，不多搜集了。就是菜谱、点心两类的掌故，也绝不止此，事实上我们不能一一搬到这本小小的册子上来，就手边所搜集的，写几种来贡献给读者，我想，已够诸君嘴馋，流涎。我只好不管"挂一漏万"之讥，结束了本文。

这篇文字的影响，我也希望读者不要成了"徒鋪啜"之徒，倘使我们的肚子是饱着，我们还有别的事要努力！

原载《食品界》1933 年第 3 期

陈皮梅研究

冼冠生

尽可不用自谦，因为冠生园陈皮梅，在食品的领域里，确已取得一独立地位。果必有因，当然自有它所以优胜之道，让我公开这小小秘密，假使此能引起从事小食品工业者的尝试，或竟启发读者家庭的仿制兴趣，那么我在业余时间草成此文，已得最理想的代价了。

一，历史部分

陈皮

广东是革命策源地，亦即陈皮梅的老家乡。陈皮又名橘皮，新会出产最富，质料亦最佳，在在均非其他地点出产者所能比拟。对于它有深切认识的人，都能辨别它是属于头红皮、极皮、苏红皮、二红皮、拣红皮、旱水皮，青皮等等。（货质高下程度，悉如本文介绍次序。）陈皮梅原有健胃平气消食清肺功效，因之，以前一般人的估量，不过是草药价值罢了。及后，广东新会县退休家园的某显宦，长日无事，忽而发明利用自己园地的橘皮，制成一种食品，尝试日久，几成奇癖，有时，为酬答朋友馈赠，出其奇味，送给友好的亲朋们。此时的陈皮梅，虽完成其一部分的机体，却仍不能为一般人所尝试。首先仿制者，则为广州、香港的食品店，但谈不上技术。冠生园发售陈皮梅，历史远在十余年前，第一人发明混合陈皮与梅子。

梅子

梅子可分两种，家梅与红梅。家梅产于苏州光福、宁波柴桥，以及其他地点，但核大肉小，滋味亦欠鲜灵，正因为它有形式和美观的特点，对于青盐作场，还有它立足地位。红梅以超山出产者最佳，结核小，肉结实，冠生园陈皮梅原料的主要取给处。旅沪日久，友好甚多，深知梅子一物，江浙产量最多，且富治痰生津杀虫的功能，颇欲归纳陈皮梅子，再加适当要料，使它尽量发展促进健康的能率，尤其在理气助胃两者，能发生最高的作用。此计划虽已确立了一个范围，可是原料选择，却成了当时的绝大问题。多方探问，才发现超山梅子，实为最合理想的原料，因是，陈皮梅制造难题，同时取决了。距离沪杭路临平车站的数十里外，农民植梅几成一种主要副业，我们就在此地，建屋数间，空地数亩，采办原料，并制造梅坯。时届五月，梅子成熟，我们便荡漾一叶扁舟，随地收买两岸农民盛着竹筐的梅子。

二，制造方法

待梅子收买竣事，就陆续制成梅坯（约需二十多天）。大概生梅百斤，用盐三十斤，浸到适当程度，再开始晒干，运回上海。

上海可说是制梅的第二地点，手续程序是这样：

泡梅：用清水泡去盐质，约八小时，然后以气候作标准，冷天时间较长。

加药：加上糖露、甘果汁，起晒两三天，再加陈皮梅酱，以及丁香、砂仁、豆蔻、肉桂之末，作第二次晒。

晒法以梅置木匣内，匣长四尺，高连盖四寸，上嵌玻璃，旁覆绿纱。（冠生园法）

晒干：陈皮梅晒干了，就放入水汀暖房，吸尽剩余水分。

对于药料一点，似宜略为申诉，因为我们不知秘密是何物的。砂仁、豆蔻有理气补中特性，丁香、玉桂不但很富香味，且能促进食欲，以及散寒滋补的本能。甘草质甜，适合各人口味。时至今日，药制陈皮梅，已成一般人的良友，然而，其中成分以及助长生理作用，还恐一部分人是不明了。关于晒法，我们也有相当根据，假如不用特制木匣，那末，已加糖露的果子，就成蜂蝇的唯一食料，这样，发售不卫生的食品，商人道德何在？同时，大规模的晒梅场，每天为蜂蝇消耗数十斤，亦属一种损失。在夏天，如果利用太阳晒法，那就暑气不散，食之反碍卫生，所以我们用烘炉烘。平时，晒的手续完毕，我们还是贮在特制缸内，至四五个月之久，方能发售。

商业注重实验，和熟悉社会情形，是第一要着，陈皮梅能有小小成功，这一点也有关系。例如广东人欢迎药味浓厚的陈皮梅，江浙两省又嗜好蜜饯口味，陈皮梅就不能配合适当的药味了。在此，假设一体同视，那么营业范围就难以扩大。

说来话长，此时自可以作一结束了，但尚有极大感慨的所在，自东北失去，陈皮梅无形中失去一良好倾销市场，年来又政局不定，税收繁重，一切工业都觉难以立足，就是说农村的部分，冠生园年需大量生梅，无异养活若干农民家庭，而今市面不景气，需要数量亦减少，梅子供过于求，此其农村破产的一角耳，说来诚发生绝大的慨！

原载《食品界》1933 年第 3 期

重阳糕详论

钱一燕

按着时序，上个月里有一个废历的重九佳节，正是吃"重阳糕"登高的一个佳节。插茱萸、登高、饮菊花酒、吃重阳糕，这些，都是民间沿习传下来的重九风俗，这些风俗在社会上的影响，正像一个疲劳的人得到一些休息的安慰一样，往往是给予我们以无穷的快慰，每一个佳节都是如此。

本文就谈重阳节的重阳糕吧，我们这小册子是一个月出一册的，虽然重阳已过了许多天，反正是最近的一个佳节，这篇东西总是一篇有价值的明日黄花。

重阳糕的制法

原料：特制糕粉、黄白糖、脂油、芝麻、熏青豆、栗子、青梅丝、红绿糖丝、细盐、茭白丝。制法先牵就糕粉，用粗眼筛子筛匀。然后将小蒸笼（或圆笼方笼，式样可一任人们喜欢）铺洁净夏布，浸水使透湿。把糖（做白糕用白糖，做黄糕用黄糖）调入糕粉，铺进笼内，糕粉先铺三分许厚，再用脂油熬熟调入细粉，加白糖，制成甜油酥（如制咸油酥，那就不用糖，改加细盐），也铺进笼内的糕粉上。再铺上糕粉三分许，用筷子括平，稍洒微水，用刀划寸许阔斜纹，再交切斜纹，成斜方格形。然后撒上芝麻一薄层，不能多撒，以致掩没了糕粉（白糕撒白芝麻，黄糕撒黑芝麻）。上面于是加上熏青豆约百粒，栗子分片放上二三十片，枣子切片放一二十片，青梅丝及红绿糖丝少许，再加一些茭白丝，手续便完成了。将蒸笼置镬子上蒸约三刻钟左右，糕便熟了，色香味三者都美的"重阳糕"，便在这手续下制成。倘使做素的，那末脂油的油酥改成素油调便行。最简单的制法，不用油酥作油，也可以吃得。

这种制法，是我们常州地方家家户户能弄的，到了重阳前两天，就大家小户的弄起来了。店家虽然也做了（简单的制法）应市，可是，在前十年，惠顾的人很不多，不过是供给一般低级社会的主顾，买些吃吃应应景罢了。近年来店家发售的渐渐生涯兴盛，在重阳的隔夕，往往每家糕店，灯火辉煌，要卖到半夜才收市，这十年前后情形的所以不同，有两层原因，也可以见出社会情况的变迁呢。

（一）因为近来社会生活不景气，民间经济凋疲，除掉那些经济宽裕的人家，和旧式大家庭有此闲空金钱，自制了自吃和馈送亲友，此外普通人家谁有此闲钱，来做此不急之需，左右买一些市售的吃些，应应节令，也就罢了。

（二）因为近来"世风不古"（自注，此四字也许用得滑稽吧，但滑稽正是不滑稽），内地人民也沾染了苏沪人贪吃懒做的不长进习气，尤其是年青的人，哪有老辈的精神和兴致，想吃些应时景物，便到店家去买来吃，便算了。况且好吃的东西多着呢，这种不摩登的食品，再不会引起我们的一般少爷小姐少奶奶的重视和注意了。重阳糕有灵，它定会望着西菜馆咖啡馆里的奶油面包吐司不定而流泪。

面包店，刊载于《中和灯泡杂志》1938年第5卷第5期

上海的重阳糕，粗陋的制法，恶俗的装饰，在淡而无味的糕上插了些花花绿绿的小纸旗，我见了就皱眉。离开故乡后，我是好几年不吃重阳糕了，每逢重阳，我就有王摩诘赋诗一样的感想，虽然感想的出发点不同，但感慨的情调是一样的。

读者们！你们要尝一尝我们常州式的佳制"重阳糕"风味吗？请照我此篇所说的制法一试，也许，手续上并不算十分麻烦，而不十分麻烦后的收获，却很可以教你们十分满意，感觉到十分值得呢。

原载《食品界》1933年第6期

无锡的脆鳝与江阴的软鳝

扬子江

笔者世居江阴，且请先说江阴的事。

江阴地滨长江，在前清是无锡、常熟、靖江、泰兴等江南北八邑童生会集来考秀才之所。在那时候，江阴新景园的面，是极为邻县七邑童生所称誉的。而时值夏令，下面最佳妙的菜，却又首推鳝丝！譬如现在我们约朋辈三数走进江阴的餐馆（无论你吃面或喝酒），那摆满桌子的菜碟，除了一两碟"子虾"之外，其余便全是鳝丝了。而且假如你吃了不够，堂倌也还会不断地添上来的。这可见江阴地方对于吃鳝丝那东西的擅长。

但鳝丝却又有脆鳝与软鳝的不同。脆鳝仿佛是无锡的特产，江阴虽也间或有，却便没有无锡的做得好，适如其度。反之，软鳝却便是江阴的特制品，无锡的餐馆里是根本没有的。

有一次，路过无锡。无锡的朋友请吃面，吃到一碟脆鳝，那朋友便得意地介绍说："这是脆鳝，是无锡的特制，别地方是没有的。"我吃了几筷，虽也觉脆得可口，却总嫌不如江阴软鳝之有味。于是便接着说："是的，脆鳝别地方虽没有，但我们江阴的软鳝是更其有味的，有便不妨请到敝县去尝试一下，评较评较看！"当时，那朋友竟没有响，而两只眼睛却充分显露着一种不相信的神气。在他以为，无锡的脆鳝是应该可以独步的。

又一次路过无锡，那位朋友却便笑嘻嘻地和我说："诚然诚然，江阴的软鳝比无锡的脆鳝要好吃得多，实在是其味深长！"那位朋友是读过古书的，所以谈吐很文雅。谈到后来，我知道他已经跟几个朋友一起到过江阴，并且尝过那美味的软鳝了。"闻名不如尝味"，以前的鄙薄一变而为今日之誉扬，那也难怪。

题外的话扯得太长了，如今且说一说脆鳝与软鳝的制法。

初步的料理

所谓初步的料理，无论做脆鳝或软鳝都是相同的。那便是说，把一条条生龙活虎的鳝鱼拿来杀死，抽去肚肠，洗去污血，然后放到沸水里面，约摸过两三分钟时候便捞起来（也有人把完整的活鳝鱼放到沸水里再捞起来改洗去骨的，不过那太脏一点）。捞起来之后，可用锐利的小尖刀在鳝鱼的背脊骨上左右划开，那脊骨自然会去掉，而所剩的都是纯肉了。至此，初步的料理遂告终止。

脆鳝的制法

先配合五分之一的酒，五分之一点五的糖，五分之二的酱油，五分之零点五的盐，再加老姜三五片，以吊鲜味。然后把洗净的鳝丝放进去浸透，约二十分钟（如时间允许那是愈久愈好的）之后取出，可即投入煮沸的油锅里（猪油最佳，豆油亦可），至略枯而还不至变质的时候捞起来，便是脆鳝。食时香脆，蘸醋吃或蘸酱麻油吃随客的便。

软鳝的制法

做软鳝是先把鳝丝放到油锅子里去煎煮的，在方法的先后程序上恰和做脆鳝相反。做软鳝在油锅里煮的程度切不能至于枯的地步，等满身皱起，核心亦煮透的时候便可以取起来了。取起来之后，即可浸在和做脆鳝相仿的作料里，最好能用铜锅放在文火上再炖半个钟头，否则便那么浸三五个钟头也行。吃的时候有汁，可不必再蘸什么，江阴人是欢喜夹些姜丝吃的。

脆鳝软鳝的制法，已略如上述，大概煮得好煮不好的焦点，全在料作的配合和油煎的久暂上！读者如能照此法煎煮，当也不会上当。至于做得好不好，那是无锡和江阴两处的庖丁们的特长了，我们当也不会轻易学得到的。

笔者个人，始终还是软鳝的赞扬者，那味道要比脆鳝深长得多了。

原载《申报》1934 年 8 月 25 日第 17 版

绍兴的家常菜

金鼎

并不夸大，绍兴的确是一个山水秀丽，风景宜人，值得使人依恋的故乡：会稽的山岗耸峙着，山阴道伸展着它修长的腰肢。在下面，绍兴老酒的发源地鉴湖就静荡荡地躺在那儿。在这美好的环境中，无怪历代产生了许多的诗人和文士，歌咏下许多美丽的诗句。

绍兴风气质朴，人人都具有不俗的头脑，倘你看过绍兴戏，那你可以认识它飘飘然回到古代去的风度；不仅此也，就是几只家常便菜，也往往风味别有，而能使外地人拜倒的。至于本地人，自是更缺不了它，绍兴人一到外地第一件事，必急于寻找越菜馆子，而行囊中亦必先留一角，安置土产，以备在客中取食，聊当乡味，绍兴人的依恋故乡，多是为此君吧。

绍兴的烹饪，不用重油浓汁，崇尚轻描淡写，所以很能保持原味。即使一汤一菜，亦必鲜洁可口。都市中对于吃，中西罗列，可说是极洋洋大观了吧，然而京菜粤菜，多如富家闺秀，粉饰过当，唯有绍兴小菜，这才如乡下姑娘，天真未凿哩。主妇们哟！精鱼美肉，你们想也周转得烦腻了吧，那何妨来试试乡下姑娘的滋味呢！

干菜鸭、干菜肉与笋煮干菜

干菜是绍兴最普通的家常菜，不论贫富，家家皆备的。每当菜市大旺，主妇们必有一番忙碌，她们把菜晒干，收藏，凭了祖传的秘诀和自得的经验，多有杰出的功夫而能使它非常鲜洁。干菜的吃法极多，最经济而便当的只须把干菜切细，在饭锅上蒸，浇点麻油，就常香嫩可口。绍兴人家中多养鸡鸭，倘有客不速而来，只要把鸡或鸭杀翻，拔毛去肠，实以切细的干菜，不用加什么油盐酱醋，落锅一煮，即可供客。在热天，菜蔬容易坏，倘干菜和肉同煮，就可以藏至十余天之久，而且肉的油腻，都被干菜吸净，清洁而滋润，极合熟天食用。但是锅须严盖，否则浓香四泄，是很可惜的。其他有考究的，每把干菜加笋，煮过再晒成干，以备泡汤或蒸食，这自然更鲜洁的了。

笋干

笋干各地都有的，然唯有绍兴家藏的才和淡鲜洁，至如宁波、上海咸货店里出卖的，盐花成粒，徒有其名而已。食法也可和肉同煮，切成小段加麻油蒸，或加入别样食物。至于切点小片在各种汤中，也很鲜美。笋干以淡笋制的最佳，干菜以油类制的最适用，在上海邵万生一类绍兴人开设的南货铺都有出售，价很便宜的。

豆腐乳

记得徐蔚南曾把他的故乡比做一方臭腐乳，诚然，绍兴是被地痞、恶棍和"党老爷"搠得乌烟瘴气了的，然而在另一面，人民却仍是安分守己，保持着过去世纪的乐天的生活，所以也正像腐乳一样，它的臭和龌龊，正是爱吃的人的香和鲜洁。普通的制法是把"压板豆腐"（比普通豆腐较坚实）切块，裹在稻草中，放置阴地。待出白花甚高，移入瓮中，浇以老酒、花椒，隔一月许，就可开瓮供食，这叫醉方；另一种加入红米，切得同棋子大小的，叫棋方。但此极甚的，对于这两种，仍嫌不能过瘾，于是想出一种臭方，天气暖热时，把"压板豆腐"霉得更透，如烂香蕉般，着物即酥，表面白花生得更高，使白花干后，起一层厚皮，于是加麻油和醋，烈香洋溢，这在不惯的朋友是要掩鼻的——老饕垂涎三尺了。

活蛋

活的蛋，这名字很新鲜吧，是在春天，母鸡们生蛋宣告结束，整日的钻在窠里，实行孵卵。到小鸡还没有钻出壳时，就将它拿来，和酱油在水中煮，是时小鸡已成雏形，但因蛋壳之厚，遇热只能在水中轻轻动弹而已。既熟，剥开，鲜美异常，因手续之烦，滋味之佳，售价于是亦贵，好点的每元仅可得数枚，因此绍兴有大规模的孵坊，甚至以母鸡不敷，改用人工孵之，兼有鸡雏尚未出壳，半途而殀的，叫做熹蛋——实即死蛋——。活的蛋，可以生敲活剥而食之，绍兴人诚然是异想天开的。

醋溜鱼

绍兴因鉴水之佳，鱼鲜也是有名的。法以活鲢鱼斩块落锅，起粉，加葱姜及醋，滋味以头尾最佳。绍兴昌安门一带，治此极精，一般老饕往往有因这而不辞跋涉的。

原载《食品界》1934 年第 10 期

北平的巷头小吃

徐霞村

　　北平为三百年来满洲旗人聚居之地，往日一般养尊处优的小贵族除了犬马声色之外，唯有靠吃零食来消磨他们的时光，因此北平各胡同里售卖零食的小贩之多，为国内任何城市所难望其项背。即到如今，这种风气仍没有随着大清帝国而衰去。假如你和一个没落的爱新觉罗氏的后人做着邻人，同时你又是一个细心的人的话，你便可以看到他们有时即使剩了少数买米的钱，也要把它拿出来在门口买一串毫不解饿的糖葫芦吃吃。我虽然没有荣幸生在这种贵胄之家，但因为前后在北平住了二十年之久，耳濡、目染、口尝之余，对于北平的各种巷头小吃也颇知一二，平日坐在家里，只消听见门外的小贩吆喝一声，就可以辨出他是卖什么东西的，即使他的吆喝非常难懂。现在我把北平各胡同里常可以看到的，同时又为别处所不大有的几种零吃记在下面，虽然要把它们全部写出来，是至少要费几百张稿纸的事。

豆汁

　　豆汁是北平特有的一种食品，别处的人既没有机会喝它，也没有胃口喝它。它的样子有点像豆浆，但颜色较豆浆稍青，而且豆浆是豆腐的前身，而豆汁却是做绿豆粉条或团粉时剩下的一种液体经过发酵而成的。它那种酸腐的气味常给第一次喝它的人以很坏的印象，可是，假使你能硬着头皮喝它一两次，你就会渐渐品出它的妙处来。凡是喝过上等的绍酒或俄国的酸牛奶的人，大概可以想象到它那种酸中带鲜的美味。

在北平，无论你走到哪一条胡同，哪一个街角，你都可以看到一个被一群小孩围着的豆汁担子。担子的一头是一个被炭火煨着的大锅，另一头是一个四方的小案，案上摆着一大盆辣咸菜，以及碗筷之类，喝豆汁的人就围在小案的四周，坐在卖豆汁者所特备一种轻便的小凳上，吸一口滚热的豆汁，吃一口辣咸菜，有些人竟能连喝三四大碗之多。

据说北平的豆汁以东直门四眼井所产的最纯，但是现在只有东城一带的人有喝到它的口福，因为西南城的豆汁贩都嫌路远，不肯到那里去贩。

灌肠

灌肠担子在北平也和豆汁担子差不多一样的普遍。担子的一头是一个浅平的锅，锅下面生着火。所谓灌肠，就是用团粉和红曲做成的一种猪肠似的东西，卖时把它切成薄片，在锅上用猪油煎焦，盛在碟内，加上蒜汁盐水，递给主顾。但近几年因为猪油的价钱太高，卖灌肠的人只好用些杂质的油来代替，臭气熏天，令人掩鼻。

切糕

切糕又名盆粉糕，因为它的做法是把黄米面或江米面（糯米粉）合以相当的水分，加上小枣及黄豆，再放在一个大盆内蒸熟而成的。卖者多以独轮小车推着，沿街吆喝，卖时视买主所需多少，用小刀来切。大约江米面者较黄米面者售价稍昂，且食时须加白糖。这是一种比较"实惠"的零食，因为既价廉又解饿。

扒糕及凉粉

这两种都是夏天的凉食，而且都是在一个担子或小车上一块出售的。扒糕是一种乔麦面蒸成的小饼，凉粉是用团粉熬成的粉条，吃时都须加上芝麻酱、醋、蒜水、胡萝葡丝、香油等作料。

炸豆腐

这也是一种"热挑子"，即带着锅炉的担子。锅里所煮的有两种东西，一种是炸豆腐，另一种是"丸子"。炸豆腐，顾名思义，自然是经过油炸的豆腐块，至于"丸子"，那就不是外乡人所能意想得到的了，既不是肉丸子，也不是鱼丸子，却是一种用粉条及"胳肢"（一种用绿豆面制成的薄片）炸成的丸子。贩者每日出发前先把这两种东西用油炸出来，把锅里注满了水，稍加花椒大料，煮沸，把炸豆腐及"丸子"

放进去然后出门。遇到主顾买时，就把它们盛到碗里，加上香菜或辣椒汁，即成。这两种东西的价钱都很便宜，但是却没有什么厚味。

烤白薯

白薯即蓣薯，至于北平人为什么在"薯"字上加一个"白"的形容词，那就不得而知了。烤白薯在别处也不是没有，但据我个人的经验，何处的都没有北平的那样肥、透、甜。这也许因为北平的白薯生得好，也许因为北平的贩者手艺高，也许两者都有点份儿。至于卖烤白薯的行头，那是也有用车推的，也有用担子挑的，车上或担子上都是一个很大的铁筒，筒内的四周是一层层的铁丝架子，每层架上都摆着白薯。卖这种东西的最好的季节是冬令。下雪天围着炉子吃烤白薯，是住在北平的人的一桩享福的事，虽然胃酸过多的人吃下去，有点不大受用。

大米粥

大米粥是种既好吃又易消化的东西，最宜儿童的口胃。作法系用大麦米、红江豆同时放入锅中，以极微的火熬一夜之久，第二天仍以微火在锅下温着，挑到街上去卖。

糖葫芦

糖葫芦是北平的名产，近年他处也有仿制者，但都不如北平的好。所谓糖葫芦，其实与"葫芦"毫无关系，而是一串一串的用竹签穿成而用裹满冰糖的果子，如山里红、海棠果、葡萄、山药、核桃仁之类。制时最难的一步是熬糖，因熬得过老则味苦，过嫩则胶牙也。北平的糖葫芦以东安市场的为最好，但胡同里携篮叫卖者也间有好的。

豌豆黄

豌豆黄系以老豌豆煮烂过漏，用石灰点成的一种方形软泥，香嫩可口，也是北平的名产之一。每年三四月间，各胡同里都可以看到卖这种东西的独轮车。

艾窝窝及凉糕

两者都是用熟糯米加豆沙或芝麻馅制成的凉食，不过艾窝窝是圆形的，如圆宵，而凉糕则是方形的而已。贩者多用小车，季节则为旧历正月至五月。

酪

在牛奶里加上白糖，再滴入几滴白干酒，牛奶便凝成一种冻子似的东西，这就叫做酪。据说这种制法是由蒙古人那里传来的，而最嗜吃酪的是旗人。酪铺在北平很多，较大的酪铺除了门市售卖之外，还派许多人挑着两个大木桶，桶里放着冰，冰上放着一碗一碗的酪，沿街去卖。卖酪的人除了成碗的酪外，还带卖奶卷和酪干，奶卷是一种用干牛奶制成的带馅的点心，酪干是一种用酪炒成的不规则的块状物。

酸梅汤

酸梅汤现在已流行到许多城市了，但它发源地却是北平，而且一直到现在，最好的酸梅汤仍旧要到北平来找。酸梅汤的做法很简单：把乌梅放到大量的水里去煮，煮时加上冰糖和桂花，煮好把滓子滤去，加以冰镇，即成。然而怎样把乌

售卖酸梅汤，1940年

梅、水、糖、桂花这四者的分量配得恰到好处，那就是每个制售者的秘密了。北平的酸梅汤以琉璃厂信远斋所售的最好，但一般人因为它路远价昂，不得不想退一步的办法，向门口的小贩来买。此种卖酸梅汤的小贩多半兼卖些别的东西，或挑担，或推车，过巷时用两个小铜碟在手里相击，丁当作响，非常好听。

茶汤及油茶

一个担子，一头是一个热气腾腾的大铜壶，另一头是一个木箱，这便是售卖茶汤及油茶的担子。这两种东西在外乡人看来似乎差不多，但实际却大不相同。茶汤是一种秫子面制成的粉子，卖时如冲藕粉一样，先把粉子用凉水调匀，加上糖，然后用极滚的水来冲。油茶则是面粉用香油或牛骨髓油炒过，卖时用滚水一冲，其用牛骨髓制成者又名牛骨髓茶，据说最富滋养。

硬面饽饽

在北平，每当夜深人静的时候，往往有一种凄凉而深长的吆喝扰人清梦，那便是卖硬面饽饽的小贩的叫卖声。一般人差不多既不爱听这种声音，也不爱吃这种饽饽，因为它实在太淡而无味了。"饽饽"是北平话，意即"点心"。硬面饽饽，就是用面粉制成的一种点心。这种点心因形状之不同，又有镯子、凸盖、镟子、白糖饽饽、红糖饽饽等名目，但其不好吃则一也。买它的人，多半是吸鸦片的人或五更饥的患者，半夜两三点钟，家中既没吃的，街上又无处可买，不得已而买它聊以充饥。

原载《宇宙风》1936 年第 19 期

谈谈湖北人吃的汤

郭涛

　　这里所谈的"汤"，据我走了差不多整个中国的经验，只有湖北人（以武汉为中心，也可以说是代表）知道享受，湖南人同四川人虽然不是不会如此吃，但那味道是另一样的，所以这里就不说。湖北人每天吃饭，普通是三餐，但是三餐的时间与有些地方是不同的。湖北人早晨多半不开餐，仅仅吃些点心之类的东西罢了。湖北人的第一餐是中午左右，称之为"早饭"，第二餐在下午四时至六时之间，俗名"中饭"，第三餐则在下午九时以后，甚至有些欢喜做"夜皇帝"的人家，上午一时左右吃的也有的，这一餐就叫做"消夜"。

　　第一餐与第二餐及第三餐，多半都有汤，可是这汤就不同，第一餐吃的是"参"汤，第二餐吃的是"煨"汤或"炖"汤，第三餐又是吃第二餐所剩下来的，有的则重做"参"汤了。先谈"参汤"，参汤的做法最简便，汤的材料以节令为转移，性质分荤素两种，随人所好。不过有些人因为吃素不能吃荤汤，那就无话可说。素汤以冬菇、蘑菇、鲜笋、黄花菜为主，或加青粉，或加豆腐等。做法是将水置锅中，俟沸，则将主物，如冬菇、蘑菇等放下，再俟沸，加以"作料"（即麻油、酱油、味精等，以国货天厨出品为最），然后把豆腐等放下去，等到所加的豆腐等煮得"将火候"，即出碗盛出，就可上桌子了。这汤的味以主物冬菇等的汁煮出，而豆腐或青粉并未煮老最上。

其次是"荤汤"，该汤因为材料多，所以变化与味道就大不同了，诚然，这亦是吃的人为主，喜欢吃什么，就以什么为材料，因为是荤，所以猪肉片、牛肉片、鸡片、猪肉丸、虾米等都是好材料。做法与素的差不多，火候是第一要紧，有时同是一样材料，味道就会有天渊之别的。

第二我就要谈到"煨汤"和"炖汤"了，这两种汤是湖北人所独享的，浙江人我是没有看见他们吃过，北方和本市一带人，南方闽粤滇一带人，也不见得有他们这样的做法。关于煨汤，是用沙罐，这沙罐有大有小，普通八口之家，一尺高了八寸对径的，就够用了。这沙罐以年越多越好，一只沙罐用十年二十年不足为奇。主要的材料是猪肉、牛肉，都切成方块，多则一手指长，此外鸡、鸭、猪腿、猪蹄、猪脏等，均以吃的人胃口而定，副材料是萝卜、藕洞、海带、冬瓜、鲜笋。

做法将沙罐储冷水，把主要材料放进去，以熊火煨之，约两旬钟即沸，加以合量之盐、油，再把副材料投进，俟副材料熟，即可食之。食时应以酱，其味之美，非笔墨可以形容。

在湖北吃第二餐饭，即中饭，这类汤是吃完一大碗再添一大碗的——所以有时家人怕麻烦或为使桌上丰盛起见，常是摆上两碗，吃的人不慌不忙，侍者也可以将空着的时间为主人及客人盛饭，或烫酒及做其他的种种事情。关于炖汤，主要的材料虽然与煨汤差不多，可是做法却尤其简便。在湖北，考究吃的人家，大半备有炖炉，炖炉为铁制，约一尺五寸高，分二层，上层为炖炉，下层为炭灰，炖罐为瓦料所制，较煨小一倍，置炖炉之中心，不用煤，而只用炭巴，每次多则四枚，少则三枚，过多装不下，过少火力不成也。炖法，以主要材料及副材料，以适量之热水置罐中，主要材料已如上述。

副材料，则非煨汤时所用副材料矣，盖炖汤不能如煨汤用大量水也，炖汤时所用之副材料如青笋、火腿、虾米、其他之海物，煨汤宜用熊火，炖汤宜先加"作料"，炖约八小时，即成。其汤既清而淡，爽口而不腻。据湖北人云，炖汤之养身，较其他均优，故湖北有钱人家没有不时常炖汤的。

一九三六，七，十七，可仪稿于金陵。

原载《西北风》1936 年第 8 期

北平的窝窝头

张中岳

　　窝窝头，是北平很经济很普通的一种蒸食。上自达官贵人，下至贩夫走卒，没有不吃它的。不过有的拿它当点心，有的却当作家常便饭经常地吃它。再说得不客气一点，北平现在还打整千整万的人为了要取得它而起恐慌呢。

　　闲话少说，我们先谈谈做窝窝头的原料吧。若果依照普通的分类，约略有三种：一是棒子面（即玉蜀黍面），简称玉面，俗名杂合面，这是因为里面包含的成分不纯粹，掺有豆面的缘故；一是小米面；一是栗子面。上面说的前两种原料，中下层阶级的人们才使用它。但又因为原质很粗糙，吃的方法不合适，很容易噎咽喉。所以除了真正站在饥饿线上，或是想亦经济方面节省一下的人们，勉强拿它填肚子以外，也轻易不愿吃它的。可是没有吃惯窝窝头这东西，蓦然地要来享用它，那脾胃就有点降受不住，并且马上就会害肚子胀的毛病，其实什么东西只要习惯了，也并不觉得怎样。还有那些聪明优秀的上等人，偶而因为好奇心的驱使，也来尝一尝新，但是他们的吃法，却和普通一般人大不相同了。他们顾虑到寒伧的掩饰，以及减少原质的粗糙性起见，做的时候，特意掺进去点青红丝、玫瑰、红白糖、枣片、莲子一类东西，但是蒸出来倒很鲜和，像点心铺卖的蜂糕一样，这种吃法虽则很新奇，却失掉了吃窝窝头的真意。

其次我们说到栗子面做的窝窝头，这东西完全是给养尊处优贵族化的人们，在吃酒肉之后预备的一种消遣品。真正地道的北平馆子才卖这东西，个儿总有驴矢蛋那么大。每个要卖二分钱，北海北岸一家仿膳的茶点铺专卖。怎么叫仿膳呢？就是他做出来的食品，都是模仿逊清皇室厨房的做法，栗子面窝窝头也算是其中的一种。说到这里，有一段悠久的历史，现在不惮烦地把它叙述一下：据说有这么一天，慈禧太后忽然想到要吃民间的窝窝头。承办御膳的人，不敢贸然拿真正老牌的窝窝头奉献，乃一时情急智生，用脱骨换胎的手腕，把生栗子磨成面来做，蒸出来和真的一样，并且质细味甜。[1] 刚才说的那个仿膳的茶点铺，就是得了这门手法，据一个享受过的朋友说，每天卖得还不坏，一年稳赚一笔大钱。真的，有钱的阔老阔少太太小姐们，平素吃腻了山珍海味，变换一下口味，倒是很需要的。

话得说回来，在这经济紧缩物价高涨的时候，大部分的人都患着生活恐慌的病。但不论怎样的困难，肚子总是不饶人的，因之窝窝头便应运而起了。现在拿棒子面来说，每斤才卖铜元二十八枚（北平现在一元可换四百六十枚），小米

---

1. 作者注：据有关资料记载，慈禧太后喜欢吃的小窝头不是用栗子面，而是用细玉米面、黄豆面、白糖、桂花等做成的。

面每斤卖三十枚。在北平看来，算是顶贱的粗粮，普通人吃这样的饭，有二十枚尽够，饭量大点的加上一倍，也不过四十枚而已。再则吃窝窝头除了很经济外，听说还具备着一种宽肠的功用。并且愈吃愈能多吃，常吃洋白面的人家，每天到晌午还特意买一点给小孩们吃，藉以消消他们肚里的积食。

　　末了，再分析一下窝窝头的做法和别名。因为做法的不同，名称也互异了。通常的做法，是将面与水调匀，像蒸馒首一样，揉好了以后，就一个个地摆在笼里蒸，熟的时间总得一个钟头。此外所不同的，只是在团个的时候，用手把它捏成上尖下圆的塔形东西，中间却挖空了，一般人又美其名曰"黄金塔"，不过塔是有阶层的，这是浑圆的一个，若是把它竖起来鉴赏，不如说像一座坟墓倒逼真些。前面说的真正老牌窝窝头就是指的是这东西。第二个做法，比较省事得多，仅只把面放在盆里搅成糊涂，一段脑儿倾倒在笼里蒸，熟了便凝结成一块，用这种变相方法做出来的，不叫窝窝头，称曰"撕糕"，因为可以用手撕着吃的。此外还有一种做法，就是把面和好了，搓成圆形的饼子，贴在锅炉里边烤，这又叫"米面饼子"。大概二三两项做法，用的原料都是小米面。棒子面和栗子面却只限于第一项做法。北平人口头上说惯了，所以概而称之曰"窝窝头"。

　　年末北平因为国都的南迁，一切生产事业都一蹶不振。尤其一些无产阶级的小商人小工人，以及破落户，他们的生活苦极了，简直连粗糙的窝窝头都混不上。他们总说："咳！这年头多难奔哟！不怕您笑话，还不是为窝窝头？"因之，我们在这里得到一个结论，窝窝头在北平已经成了大众攫取的目的物了。

原载《宇宙风》1937 年第 54 期

谈吃鱼

金受申

北京五方杂处，鱼类无所不有，无类不被人吃，即所谓清江鲫鱼，亦可应时出现市上。至于北京特产的鱼，只有黑鱼、厚鱼、草包鱼、鲇鱼、团鱼几种次等鱼，最好的是北京金翅鲤鱼，分量不重，味最新鲜，可为鱼中一宝。更有一种昆明金鲤，产于万寿山昆明湖，只不多见罢了。北京既非产鱼之乡，做鱼自非擅长，求一专做鱼的饭馆，实不可多得，但也各有拿手，集各饭馆所长，分别品题，也可以成吃鱼大观。现在分别谈谈，以鱼为主，以擅长饭馆为宾，作一次《谈吃鱼》。

四做鱼

近年来南菜馆林立，喜吃鱼的人，以为南菜馆必善做鱼，遂将旧有佳馔反倒无人过问，岂不可惜！"四做鱼"就是北京旧山东馆致美斋的拿手菜，我最爱吃红烧鱼头，以为是下酒的好菜，已经吃过一二十个饭馆的红烧鱼头。有的将鱼头分成数块，鱼皮尚未剥除，滋味更不必谈了。致美斋所做乃是将鱼头炸碎，糖醋红溜，酥香可口，色味无一不佳，可为京市第一。

四做鱼系活鲤所做，伙友以活鲤请食客寓目后，当时摔死，一做红烧鱼头，二做糟溜鱼片，三做酱汁尾段，各具殊味，可以下酒，可以佐饭，末上四做烩鱼胗（胗音炸儿），乃是清烩鲤鱼五脏，汁稀味淡，酸辣适口，真是解酒的妙品啊！

胡适之鱼

所谓莫利逊街（王府井大街）莫利逊御料理的，就是原来的承华园现在的安福楼，承华园鼎盛时，许多文人因着名人故居，所以多半去诗酒流连，也是旧苑访马守真的遗意啊！承华园承受广和居、同和居的遗法，勺口的确不坏，哲学博士胡适之，曾到这里大嚼，发明用鲤鱼脑切成丁，加一些三鲜细丁，稀汁清鱼成羹，名"胡适之鱼"。胡博士是奉阃命止酒的，"胡适之鱼"当然也只是下饭佳馔的。

潘鱼

北半截胡同广和居，当晚清百十年间，成了名流雅聚的所在。辛未暮春，曾同几位酒友去品题，已然灶冷无烟，俨同关闭了。广和居盛时，许多名流曾创兴了许多"名人菜"，江豆腐、潘鱼便是很有名的。

潘鱼是潘公祖荫所创，用整尾鲤鱼，折成两段，蒸成以后，煎以清汤，汤如高汤色，并无作料，鱼皮光整，折口仿佛可以密合，但鱼肉极烂，汤极鲜美。

五柳鱼系仿西湖做法，也是广和居的拿手菜。广和居关闭后，另开广和饭庄，仍以广和居来标榜，但不是原来味道了。

抓炒鱼

抓炒鱼是山东馆的普通菜，本无所谓谁优谁劣，我到饭馆从不要抓炒鱼和酱汁中段瓦块等，以为黏糊糊的毫无滋味。但福寿堂的抓炒鱼汁薄味鲜，色彩喜人，的是抓炒鱼中的殊味，即东城著名中外的 ×× 大饭馆，也是比不上的，可见各有拿手菜，是一点不错的。这两种鱼最怕味咸，也怕太淡，咸能遮鱼鲜味，但酱汁做鱼太淡也不适口，润明楼做酱汁中段、酱汁瓦块，颇能有增减一分不得的妙处，所以记在这里。

清蒸鳜鱼

桃花流水鳜鱼肥，鳜鱼在三月时最肥嫩，并且因为没刺，很受食者欢迎。最不使鳜鱼失味的就是清蒸，清蒸鳜鱼全以脂肉口蘑提味，不过西来顺的清蒸鳜鱼以螃蟹提味，另有一番鲜味，但必须活螃蟹，否则全鱼味道全坏。

干烧鲫鱼

鲫鱼最鲜，尤以氽汤为上，六合龙池鲫鱼天下驰名，干烧未免乏味。干烧鲫鱼系将鲫鱼炸成酥软，全无水汽，入口便化，南菜馆最能做这菜，以春华楼最擅长。

干烧青鱼

干烧青鱼以干出名，并无汁水，大鸿楼做干烧青鱼，和酱汁烧汁相近，以作料菜丁佐味，在有汁鱼馔中最好。

松鼠黄鱼

在有汁无汁之间的鱼馔，要算是松鼠黄鱼了。将大黄鱼去骨肉裹隔刀，炸成翻做鼠形，裹以薄汁，甜淡适口，以江苏饭馆中的淮扬馆能做，尤以玉华台最擅长。

五柳鱼

在西子湖边以"五柳鱼""西湖鱼"出名，北京所做既无西湖特产的鱼，烹制手艺也未必果佳，所以欲求西湖佳味移向长安，实不可得（即西湖各饭馆也只一家特长）。五柳鱼还勉强可食，以前广和居能制五柳鱼，现在以春华楼最佳（北京专做鱼馔饭馆自属春华楼了）。五柳鱼形同红烧，因所加鲜菇丝、笋丝、火腿丝、红辣椒丝、口蘑丝共五种，所以称为五柳，如果火候不差，也颇能下酒下饭的。

家常熬鱼

家常熬鱼似易实难，火候不到，味不入内，便觉不好。北京家庭炖大头鱼，饭馆家常熬或"尖钻"比目鱼、黄鱼，全各有殊味，尤以同福居家常熬鱼，为京市首屈一指。同福居是天津馆，熬鱼自其特长，微火熬鱼，必须经过长时间。熬鱼虽为"糙菜"，同福居所做食者只知香美，不觉其大路货的，佐以贴卷子，仿佛身到七十二沽了。

银鱼、面鱼

卫河银鱼、高丽面鱼，在京市全可吃到。这两种鱼形体相近，金眼为银鱼，汆汤最好，各大饭庄用来醒酒佐饭。黑眼为面鱼，裹以鸡蛋元粉油炸，为小吃中妙品，以两益轩等清真教馆所长。两益轩并有假面鱼，以面筋代鱼，焦酥也很可吃。

炒鳝鱼丝

"软肚加粉"，我以前最爱吃鳝鱼，由年前石焕如院长招饮大鸿楼时，老宣先生解释吃鳝鱼的残忍，以后才立誓不吃鳝鱼。清炒鳝鱼丝，加香菜末，比其他有鳞鱼又是不同。软肚加粉系用巨鳝白肚切丝，加粉条炒成，又较炒鳝鱼丝好一些。北方饭馆向不做鳝菜，以江苏、四川、贵州专长做鳝菜，仔细品题，江苏馆的苏沪馆和淮扬馆又不同，五芳斋、玉华台的鳝菜味在众上。

清蒸、红烧甲鱼

元鱼大补，较鳝鱼尤甚，制元鱼以红烧为上，清蒸次之。北京做元鱼的饭馆，以前首推山东馆的同和馆，红烧很得法，将元鱼裙烧成鱼翅味一样。近年来南菜馆兴起，做元鱼的手艺也还不坏，吃元鱼的也渐渐加多，在盛馔中又多了一番美味。

以外鱼翅、鱼肚、鱼唇名属为鱼，却非全鱼，蚶子、青蛤、虾蟹、海蜇、海参虽为海味，究属非鱼，现在姑且不谈，以后另文记载。北京做鱼方法很多，以上所记不足一二，姑举一隅，聊供春初饮助，友朋谈料。

吃鱼的除海味以外，以吃活鱼为上，北京非产鱼之乡，活鱼太少，既以鲫鱼一种来说，人人皆知氽汤最鲜不过鲫鱼，但北京无白鳞鲫鱼，也很少有人认识鱼美，岂不可惜！鱼的死活，入口便知，活鱼质脆，死鱼质软，不容冒充的。北京鱼既少佳品，手艺亦差，所以不及南国，近来南菜馆加多，吃鱼较前方便多了。

鳍鳇鱼

这鱼产在苏州，周身没鳞，有圆形骨，身如花骨，皮像粗石，肉细作粉白色，皮内黄油有几分厚，大的七八十斤，小的也有几十斤。以前北京不易买到，从京沪通车开行以后，江南远路，两日便到。红烧鳍鳇鱼最好做时加入猪肉，鱼多少猪肉多少相等。做法先将鱼肉切成大方块，如四喜肉大小，先用白水煮开，去水再用酱油、料酒作料配合焖炖，以猪肉烂为度，加白糖少许，味美且极醇厚。

太湖青鱼

一名"螺蛳青"，因此鱼专吃大田螺，所以味极清隽，到北京者活的很少。此鱼头尾清氽最鲜，中段或红烧，或做熏鱼，或做鱼丸子，或炒鱼片，氽鱼卷，做鱼粥皆可。如头尾氽汤，做法将头尾剁成瓦块鱼大小，用料酒加盐少许一泡，用香菇三四块以水发开，候锅中水沸，将鱼块、香菇、料酒等放入锅内，锅再开即熟，盛在碗内，加一些青蒜丝、味之素，另有一种其他鱼类所不及的清香。

熏鱼做法，将鱼切成指宽大片，用酱油、料酒浸泡，过油炸好，以花椒抹白糖掺和，抹在鱼的两面，味过稻香村所卖熏鱼。青鱼五脏、肠肚也很好吃，但很费手续，必须用剪刀将鱼肠剪开，用盐拿过，再用水洗净，切成大块，过开水焯过，控净水后，以烧开滚油，放入青鱼五脏肠肚，加入酱油作料，切豆腐如大骰子块一同烹炒，加白糖，撒青蒜丝，脆嫩非常好吃。

鲫鱼

"最鲜莫过鲫鱼"，诚以鱼的鲜在刺多肉细啊！鲫鱼南北皆有，只鳞的黑白不同，北方大鲫鱼少罢了。鲫鱼上品讲究"六合龙池鲫鱼"，通称"龙鲫"，大的可至二三斤一尾，味甲天下。或清蒸、清氽，或红烧，或穰鲫鱼、瓦糕鱼、酥鱼、萝卜丝氽鲫鱼汤、扬州鲫鱼面，做法很多，以清蒸、清氽为最好。

清蒸做法，先将葱、姜、料酒放在鱼腹内，加一些盐面，上配火肉、冬笋、香菇，切片摆好，蒸熟便成。

萝卜丝鲫鱼汤做法，先将鱼用料酒浸泡，后将白萝卜丝用水烧开，再将鱼和酒一齐放入，以熟为度。

穰鲫鱼做法，将鱼腹内洗净，再以猪肉剁成肉馅，加点冬笋末，酱油料酒作料调和，均放入鱼腹内，过油微煎，两面煎黄，再用酱油料酒按红烧做法，将鱼烧好，汁水不要太多。

扬州鲫鱼面做法，将小鲫鱼洗净，锅内放入少许脂油烧开，再将鲫鱼放于锅内炒，放水不可放酱油，烧成奶白色，用筷子将鱼搅碎，将鱼骨肉皮全都取出不要，口味务须适合，然后将切面另用锅煮好，捞出放在鱼汤内，重煮一二分钟，盛出碗后，撒青蒜丝，便可大嚼。此法简而易行，诸君不妨一试。

瓦糕鲫鱼做法，鱼半斤上下洗净，连葱、姜、料酒、盐齐放碗内蒸熟，再将鸡蛋一二个（以碗大小而定，海碗两个，中碗一个）打好，重复倾入碗中再蒸，味道的鲜美，绝不是北京普通鸡蛋羹所能比拟的。

白鱼

白鱼为塞外鱼鲜上品，如以江南产鱼来比，绝无逊色。产于松花江的，肥美异常，大者三二十斤，脊背有油，长江所产不肥，北方各地所产不大，不过二三斤，所以称为塞外上品的了。清蒸红烧，或熏或腌，均无不可，腌好用酒糟糟上，其味绝胜张恨水兄所称赞的江南糟雁。

熏白鱼做法，用酱油、料酒浸泡，过油炸熟再熏，如能得樟木或松塔来熏，更有一种清逸的风味了。若在冬天，可以多买一些腌好，用酒糟抹在鱼的两面，入坛封固，不可泄气，放置背阴处所，吃的时候，或炸或红烧，冷吃热食全好。

鲥鱼

此鱼为南方时鲜。上海鲥鱼，大部来自宁波，但总不如镇江所产。北京鱼商大标"清江鲥鱼"，姑不论其果产何处，就以鲥鱼日久即不鲜美来论，北京也吃不到好鲥鱼。每年四五月间，江南鲥鱼上市，曾记一笔记小说中有江南某县，例供每年第一尾上河鲥鱼，可见此鱼算为时鲜了，鲥鱼过时，不可再得，价也随之昂贵了。

鲥鱼做法，可以清蒸或红烧，但均不可刮去鱼鳞，因鲥鱼的鲜美以至肥油，全在鳞内，至临下箸时，将鳞拨去便可。蒸鱼时间不可过久，时间火候过度则不鲜美，反失鱼味，鲥鱼的妙处也不能领略了。若做红烧，先用网油将鱼包好再烧，才能保全特有的鲜味。

鲞鱼

此鱼只每年四五月间上市，平日不多见，一年所吃，全在此时腌好，所以平时只能吃"咸鲞鱼"的。咸鲞鱼做法，将鱼洗净，切成四方一段，再将猪肉剁成细肉馅，少放些酱油，多加些料酒，调匀糊在鱼的两面，厚厚糊严，然后上锅再蒸，咸鲞鱼的鲜味全串在肉内，入口香味鱼肉相兼，自不同凡响了。还有广东商店代卖一种"油泡鲞鱼"，非常好吃，做法就用泡鱼的油干炸，炸成熟透，尤其味美。鲜鲞鱼做法，红烧清蒸均可。鲞鱼的"鲞"字，南人音"响"，即名响鱼，有人以为鱼行有声，就未免附会了。

海鲫鱼

北京称作"大头鱼"，肉厚刺少，虽肉粗老，以"侉炖"甚便，北京家庭多应时炖来以快朵颐。此鱼每年四月出海，北京市上以此和黄花鱼算应鱼节，商号于此时炖食，名为"加犒劳"。因此鱼一锅要炖十斤八斤，至少也要三五斤，所以只有侉炖为省事，北京妇女也擅长炖大头鱼。但近年以来出产甚少，价甚昂贵，并且一到四月半以后，即要绝迹，到端阳节时，市上所盛实形如大头鱼之红而稍长窄的，却又是刺多的藤萝鱼了。

大头鱼别样做法很费事，酱汁大头鱼也颇好吃。北京穷人有吃臭大头鱼方法，用贱价买来陈腐有臭味的大头鱼，将鱼洗净，蒸锅笼屉内铺满小白菜叶，上放洗净的鱼蒸熟，揭锅时千万堵着鼻孔，俟熏人鼻孔的臭气放净，然后或炖或烧汁，绝没一点臭味了，至于鲜嫩是不能问的，也是穷人解馋的办法。

黄花鱼

黄花即所谓"石首鱼"，又简称"黄鱼"，为海鱼中最普遍的，渤海产的尤多，已成北京市家庭饭馆中日常鱼馔佳品。在三四月未开雷以先，黄花鱼与对虾于此时大批上市，有时价值极贱，虽贩夫走卒，贫困人家，也要称两斤黄花鱼尝尝，熏黄花鱼，炸黄花鱼，到处可见，但一闻雷声，鱼沉水底，捞网不易，鱼价也随之增高了。

黄花鱼有大黄鱼、小黄鱼两种，大黄鱼肉肥厚，但微嫌粗老，小黄花鱼刺多肉嫩，不过饭馆所用仍是大黄鱼。黄鱼非江河湖塘可比，海鱼绝吃不着活鱼，只以新鲜为佳，若日久失去鲜味，就不香美了。

黄鱼做法很多，糖醋鱼、尖钻鱼、干炸鱼、醋烹鱼、松子鱼（即所谓松鼠鱼）、烩鱼羹、炒假螃蟹肉、抓炒鱼、红烧鱼，都可算为美味。家庭所做黄鱼，以"侉炖"为主。黄花鱼肉如蒜瓣，脆嫩比淡水鱼好，值此春日昼长，庭花绽蕊，柳眼舒青的明媚时节，大青蒜头伴食家厨自做黄鱼，也是人生一乐啊！

鳜鱼

鳜鱼普通称作"花鲫鱼"，即厨人鱼贩讹称桂鱼的便是。鳜鱼四时皆有，尤以三月鳜鱼最肥，张志和的词"桃花流水鳜鱼肥"，吴雯的诗"万点桃花半尺鱼"，可见鳜鱼被古今文人所称赞的了。鳜鱼肉细，没有冗刺，在没刺的鱼类中是最鲜嫩的。鳜鱼最妙是清蒸，在《清真饮馔》中谈过一次西来顺的活蟹蒸鳜鱼，尤其淡远有致的是不多加作料清蒸。丁卯孟夏朔日，友小平绥方翁招饮，柳花入座，丁香盛开，饮日本清酒，食清蒸鳜鱼，即席填"点绛唇"一词，闲适清隽，至今还留很深刻的印象。饮馆中平日所做整鱼，常用鳜鱼、醋溜、红烧、酱汁、五柳都可。零做如瓦块、滑溜、糟溜、锅塌鱼、葱椒鱼、高丽鱼条、抓炒鱼，全和黄鱼做法相同，比黄花鱼还要普遍得多，是北京最常用的鱼。

刀鱼

刀鱼是南方一种细条鱼，北京市上也能买到很鲜的，不过京市人不大喜吃罢了。清蒸做法，将鱼洗净，带头去尾尖，一条一条依次摆好，配春笋、香菇、火肉、脂油放于刀鱼面上，蒸好其味极鲜，只不太肥而已。刀鱼在清明节以前，鱼刺嫩软，而且刺多，过清明节后，其刺硬劲，所以清明节前的刀鱼，也比较好吃一些。刀鱼出水即死，如出水日少，青皮不变白色，也还鲜嫩。

红烧做法，将鱼洗净，一刀切成两段，用鸡蛋一个打碎，将鱼蘸蛋汁，放油锅内一一煎，两面微黄如明玉，再将酱油、料酒放入，烧熟为度，但不必加入其他零碎作料，因吃刀鱼是取其冲淡的。

鲢鱼

鲢鱼有两种，一种是"白鲢"，一种是"花鲢"。鲢鱼鱼头最好吃，红烧或侉炖均可。北方大鲢鱼很少，南方大鲢鱼有的到三五斤、十斤，有的鱼头即能到十多斤。侉炖鲢鱼头做法，将鱼头一劈两半，用油一煎，将油控出，大作料、酱油、料酒、猪肉丝，放汤大炖，好吃辣的可以放入一个干秦椒。炖烂之后，吃的时候，将新鲜粉皮切成大块，放在锅内一开即算成功，撒些青蒜丝提味。

塘鲤鱼

关于鲤鱼，像黄河鲤鱼，北京金翅鲤鱼，万寿山昆明湖金鲤，已然分别介绍过，做鲤鱼方法，也谈过一些，现在不再来谈。北京鲤鱼用途很大，在筵席上整鱼，北方馆子多半用鲤鱼，有时做得不能入口，上次学校同人聚餐，由东城某饭庄备饭，其糖醋整尾鲤鱼，炸得皮焦肉老，几乎没有一点鲜肉，更不用说味道了。

另外有一种鲤鱼别种，即所谓"塘鲤鱼"，是江南苏州、无锡、常州、镇江等地湖塘最多的土产，俗名"虎头鲨"，此鱼大的不过四五两，和北京做酥鱼的小鲫鱼大小差不多，形似松江鲈鱼，滋味特别鲜香，比只有醋味的酥鱼，不同太多了。

做法以清汆最好，干炸还不坏。干炸做法用酱油、料酒泡好，过油炸黄，不可太焦，否则便失鱼味，炸好外撒花椒盐，又是一种特别滋味了。

塘鲤鱼最合小吃，比那豆政鱼、鱼冻一类渗酒的东西，好得多了，只可惜北京不能运到罢了。

黄鳝鱼

泥鳅、黄鳝形近而不相同，泥鳅在庄、馆、居、轩中很少见，只家庭中有些做着吃的，己巳春天在华北大学教书时，吴起凡先生邀饮湘乡会馆，所吃都是湖南家乡菜，里面有一炸泥鳅，炸得焦而不老，嫩而不皮，很耐咀嚼，十几年来没尝此味了。

黄鳝是北京南菜馆中拿手菜，小菜馆中所做多半是小条鳝鱼，不但不能做"软肚加粉"，连肉也不能挡口的，只大菜馆中所用大条鳝鱼，还能令人朵颐称快。鳝鱼中有一种"望灯鳝"，食之有毒，可以致死，所以鱼商、饭馆对于望灯鳝的选择很是严重的。

鳝鱼做法有几样，炸鳝鱼丝以无锡做法为最好吃。无锡炸鳝鱼丝的做法，将鳝鱼丝炸好，再用酱油、料酒、白糖一烹，切细姜丝撒在表面上，又酥味又美，北京可以仿制。红烧黄鳝做法，将鳝鱼剁成寸段，将猪肉切成马牙块，葱姜作料，加点蒜瓣，用油将鳝鱼炸黄，然后连猪肉作料放入锅内炒，加放酱油、料酒烧五分钟再放水，汤汁不可太多，以烧烂为度，将出锅时放点白糖。至北京饭馆所做，则以炒鳝鱼为主，或做"马鞍菜"，和红烧做法相近，我以为颇可仿效南方做法，多做几样就更好了。

甲鱼

相传甲鱼大补，于是老饕家便藉名解馋了。甲鱼做法有清蒸、红烧两种做法，先将甲鱼杀死，用凉水放在锅内煮六七成开，不可太开，用指甲将甲鱼肉裙上黑薄皮剥下来，不可再烧，将硬壳揭开，去掉五脏，洗净里面，一剁四块，然后用顶级白蘑清蒸，或用四方块猪肉红烧均可。又有人说将活甲鱼放在笼屉内，旁开一小孔，孔外放酱油料酒一碗，下面生火，甲鱼遇热伸头出孔，饮酱油料酒解热，鱼熟油酒已尽，自然鲜美。其实这是渔船一种简便吃法，没有笼屉，下面可点洋烛，但五脏不除，污秽不清，又哪里能吃呢？

西湖鱼

西湖鱼并非本名，因西湖做法精良，于是便加上西湖的美名，实在本名是"草青鱼"，味鲜美，别处所做是比不上的，缘故是西湖所产草青鱼，平日用竹篓养在湖内，现吃现杀，比北京饭馆在木盆内用井水养鲫鲤，又鲜得多了。

西湖鱼妙在清淡，所以做法很简单，将鱼杀死，一劈两半，稍一戒刀（戒刀就是将鱼身上斜划几刀），加葱、姜、料酒一蒸，时间五分钟至十分钟，以鱼熟为度，如工夫过久，鱼的鲜味丢失，蒸成用上好鸡汤作稀汁浇上，必须多加一些醋，不可放糖，所以有"醋溜鱼"的名称，至于传为"糖醋鱼"的就不对了。尤其要注意的是：鱼熟汁成，才能鲜美，如互有先后，就失之毫厘，差之千里了。

带鱼

也是海鱼一种，做法很窄，吃的人很少，北京也很常见，鱼形似宽带子，肉薄，身上无鳞，上有一层银霜，用马蓝根锅刷，将鱼身上银箱擦掉，洗净，切二寸多长小段，过油炸焦，用酱油醋糖烧成，然后糖醋焖好。

鲳鱼

鲳鱼圆阔似河豚，北京叫做"瓶儿鱼"，厨师傅常语是"瓶儿爱好，我不爱瓶儿"。此鱼也是海鱼，肉最细，皮似鳜鱼，没刺，若是新鲜的也可蒸食，稍陈可以红烧。

原载《立言画刊》1938 年第 6 期

北京菜

金受申

　　谈起吃来，北京真是完备得很。西餐有英法大菜、俄式小吃。中餐有广东馆、福建馆、四川馆、贵州馆、山西馆、河南馆，江苏馆又分上海苏州帮、淮安扬州帮。至于号称北京菜的，却又是山东馆；近年又有介于南北菜之间的，是济南馆；纯粹北京菜，是没有这种馆子的。有人认为白肉馆是北京菜，这也不尽然，试想沙锅居的白肉烧碟，家庭中能否做出？不过白肉馆是北京馆子中独有特制，旁处是没有的。其实白肉原是满洲吃法，北京旗族家庭喜吃煮白肉，遂有人认为是北京馆就是白肉馆，这话是不周延的。还有人认为烧鸭是北京特有食物，这是不错，不过老便宜坊仍写"金陵移此"，可见烧鸭也不是地道北京产物，因为北京填鸭得法，烧得得法，遂驾一切地方烧鸭之上了。

　　北京菜是北京家庭中家常菜，饭馆中是没有的，近年来旧家式微，一切老做法失传，又传入许多新菜蔬，遂使一般家庭竞仿新样，例如龙须菜、荠菜、盖蓝菜、苋菜、瓮菜、瓢儿菜，都是从先北京没有的菜。虽然龙须菜是北京特产，也没见人吃过。至于炒荬白、烧菜花、炒洋芹菜，北京三四十年前谁吃过？于非厂先生最欣赏北京家常菜，实在是有特殊风味，而且经济的。今天谈几种地道北京老家常菜，诸位能仿制一下，也是不错的，闲来命山妻做一两种，请一请知音的尝尝，也未为不可。

北京菜分日常菜、小吃、年节或犒劳菜三种。

日常菜

大萝卜丝汤

这菜最富养料，最有特别味道，现在正是吃这菜的时候。做法是：把红胡萝卜、大萝卜（红扁而辣的萝卜）擦成丝，先把胡萝卜丝入锅煎，煎出红油为止，然后用羊肉丝煸锅，放入这两种萝卜丝（胡萝卜十分之九），故汤不可太多太少，妙在拨入面鱼，撒以葱丝、香菜、椒面、生醋，味美绝伦。

炒胡萝卜酱

将胡萝卜切丁，加羊肉丁、豆腐炒之，必须酱大，也是秋末冬初果腹的食品。

大豆芽炒大腌白菜

白菜虽在南北朝时已有，但近代已成了北京特产，江南地方以北京白菜价在鱼翅以上。白菜一物，可咸可甜，可荤可素，可以任意做菜吃。切白菜成方块，以盐微腌，加大豆芽猪肉片炒之，最能下饭，久成北京菜中佳品了。

熬白菜

北京熬白菜分两种，一、羊肉熬加酱，味不太好；二、猪肉熬不加酱，味道深长，如再加炉肉海米、猪肉丸子，将白菜熬成烂泥，汤肥似加乳汁，冬日得此，真可大快朵颐了。北京以前喜以"把钻子"熬白菜，真有几十年老钻子的，佐以玉色白米，又何斤斤于吃粉条鱼翅，脚鸡眼似的鱼唇呢！

炒王瓜丁

炒王瓜丁是夏日绝妙的食品，将鲜王瓜、水芥切丁，加豆嘴（或鲜豌豆、鲜毛豆均可），以猪肉炒之，有肉则加酱，素炒不加酱，食绿豆水饭素炒王瓜丁，顿觉暑退凉生，不必仿膳社去吃窝头了。

炒三香菜

切胡萝卜、芹菜、白菜为条，用羊肉酱炒，也是深秋美食。如生食，只用盐一腌，再加上些醋，可以代小菜吃。

炒雪里蕻

用腌雪里蕻或芥菜缨，加大豆芽，以羊肉酱炒，最能下饭。

闷雷震芥头片

北京老家庭，春必做酱，秋必腌菜，不是为省钱，实在为得味。腌菜是腌芥菜、雪里蕻，顺便还可以放入白菜，一冬一春的咸菜，可以无忧了。大雪初晴，日黄入户，捧着一碗热粥，醋泡芥缨加辣椒，肚饱身暖，真是南面王不易啊！比那持着清帖赶嘴的，绝保不能风拍食的。雷震芥菜是芥菜带叶下缸，七日取出，阴八成干，揉以五香料，放入坛中，不许透气，明年雷鸣后出坛，切片如猪肉焖食，算家常中高等菜的。水芥可以生切细丝，加花椒、油、生醋，名"春菜丝"，另有一种特别滋味。水芥到初春时候，切丝加黄豆芽肉炒，吃时临时加入生葱丝，也是佐饭的佳品。我以为芥类东西，除佛手芥外，自制总比外买的味美，现在家庭，是谈不到这点的。

炒麻豆腐

炒麻豆腐为北京特别产物，谁也不能否认的，因为炒时用羊油羊肉，所以羊肉馆多半以此算敬菜。其实讲究一点家庭做的，比羊肉馆还要好一些，用真四眼井做麻豆腐，以浮油、香油、脂油炒（不加脂油不算讲究），加上一点老黑酱油，加入韭菜段、大豆芽，炒熟后，撒上羊肉焦丁，拌上一些辣椒油，自然味美了。不过火候作料，不容易做得恰当，厨师傅有时不如女人会做，所以就不太可口。以外茄子、冬瓜、倭瓜、馅醮、豆腐，各种菜蔬，做法很多，一样韭菜，有十几种做法，不能一一说清了。

小吃

  北京的小吃，也是很有滋味，不过北京家庭，平常不注意小菜，到年节才特别做些，预待年节食用，尤其是旧历年，因为天气寒冷，食物不易腐坏，所以家家做菜，名为"年菜"。

  先谈小吃，生食的有：拌苔菜、拌王瓜干、拌海蜇皮等类。熟吃的有：一、炒咸什锦，把面筋、水芥、胡萝卜、豆腐干切成极细丝，用香油、酱油炒熟，撒上香菜，最好是凉吃。二、炒酱瓜丁、炒酱瓜丝、炒酱王瓜丁丝。酱瓜系酱渍老烟瓜，最好的是甜酱瓜，甜瓜非夏日香瓜，为另一种小瓜，较老烟瓜短小，酱渍以后与老烟瓜同称"酱瓜"，但比老烟瓜所制之酱瓜甜嫩，非大"京酱园"没有。切丝切丁加生葱炒之，用猪里脊或精致猪肉伴炒，如能用山鸡肉，就更好了。主要条件要用香油，肉须先用滚水焯过，葱须炒熟后再加。更有一点足能增加美味，而为人少知的，即炒时加些白糖或冰糖，自能别具一种风味，可以下粥，可以渗酒。又有酱猪排骨、粉肠、卤口条、卤肝等，以及酥鱼、酥鸡、鸡冻、鱼冻，讲究的家庭，多半在年关前做成。除夕家宴，元宵聚饮，拥红泥小火炉，燃百烛电灯，儿童点放爆竹，欢呼畅谈，或叙天伦乐事，或约一二契友作竟夜谈，一坛瓮头春，足洗一年心绪，又何必侈谈闷炉挂炉、燕窝鱼翅呢？

  年菜小吃中最清适的，要算凉甜菜，如芥末墩，又名芥末白菜。将白菜去外皮，只取内心，切成寸厚小段，用马蓝叶或钱串拴牢，放锅内煮熟，取出带汤放置盘中，撒上高芥末面和白糖，凉食最好，但食时应加一些高醋才好。

又有糖素白菜，系将白菜切成斜方块，佐以胡萝卜，入锅煮熟后加白糖，凉食但不必加醋。再有北京特有的辣菜，入冬既有担售的，系用芥菜头（千万不可用蔓菁）切片，及大萝卜切丝，煮熟后，连汤倾入坛中，不可透气，食时加香油生醋，虽辣味钻鼻，人皆嗜食。新年大肉后，这三种实在是一副清凉剂啊！

年节及犒劳菜

年节及犒劳菜，以肉菜为主，讲究一点的，也有鸡、鱼、鸭等品，但不是家庭中习做的。第一大菜即炖猪羊肉，以小门姜店好黄酒，加花椒大料炖之，以老黑酱油提色。至于炖牛肉，加五香料，及酱油红烧，皆入民国后才有（北京老家庭多不食牛肉）。次为炖蘑菇肉，以猪肉切成大片，加东蘑黄酱炖成。又有炖锦子，炖猪大肠加肝，如饭馆熘肝肠，但不勾汁。至于猪下水，近年城内才有吃的人，最美的要算炖羊肚心肺丝汤，即六月雪中羊肚汤，以羊肚全份，羊肺头、心、肝煮熟切丝，或加海带菜丝，炖成后，加葱丝、香菜、麻酱、醋、椒面作料食之，实在是肉类中逸品，不过难得肚板厚丝细罢了。

清真饮馔

清真教馆大教的饭肆有庄子、馆子，庄有庄肴，馆有馆肴，是有分别的，清真教馆也是如此的，以前王广福斜街的元兴堂，就是清真教庄子，现在大半都是所谓馆子了。现在北京清真教馆，也可以区分几个等次，像西来顺、两益轩，以及同和轩，都是名为馆子，实有庄子的事实。

西来顺以褚祥头灶号召一时，实在所做的菜品在一切清真教馆以上，每菜有每菜的单独特有滋味，绝不像一率羊肉席的同一味道。更善做燕翅席，有时且在大教馆以上（红烧鱼翅比福全馆强得多了）。对于应时的鲜菜，尤其讲究，如双拼冷荤，绝不像只豆豉鱼、酱腱子的常味，清淡宜人，精致适口，对于颜色的调和，也费心研究，如鲜王瓜段和炸千子米相拼，红绿相间，便令人起一种美感。热菜中如锅塌香椿豆腐，香椿经热，味便浓厚，所以褚祥在冬日做香椿菜而用此法，便深得人心喜悦。以外像冬日炒鲜芸扁豆，烂而不失其绿，火候很好。谁也知道鳜鱼清蒸时汤必鲜美，西来顺却在清蒸鳜鱼中还加螃蟹，味更鲜了。西来顺还能究心教门大菜，如"抓羊肉"，必须带骨羊羔才好，它对抓羊肉也很做得法。因此西来顺在现在清真教饭馆中，要算最讲究的，至于炮烤涮，蒸食小吃，虽然很好，却被菜品所掩了。

两益轩开设历史很久，在其他清真教馆以上，因梨园行拜师、请客，以及了事摆请，把儿帖子结盟，都在这里举行，所以买卖很发达，同时便也注意在成桌菜品的做法日求进步。两益轩的菜品多半遵守教门饭馆的老规矩，如面鱼、查菜、炖焖扒牛羊肉，都在不失规矩中求精，很受一般人赞许。两益轩尤善做小吃，两三个人去求醉饱，是很容易令人满意的。近来零售烤鸭尤其方便顾客，菜码中常而价低廉，尤令我辈穷人欢迎。所售"伏酒"，确有比其他饭馆高的地方。至同和轩系两益轩出号伙计所做，一切仿照两益轩，无足纪述。以上算是清真教饭馆中的庄子，乃西来顺以大菜得名，两益轩以承应教席出名，各有长短的。

以外第二等是清真教饭馆的馆子，像东来顺、重阳馆、同聚馆（即馅饼周）的便是。东来顺以一区区包子摊，渐渐扩充到今日三层楼的东来顺，原因有二：第一是物美价廉，第二是东安市场历来火灾全没波及，才有今日的发达。东来顺铺长老丁，极有心思，对于一切出售的食品，都加以细心研究，自己有酱园、菜园，利权不致外溢。四时应时的糕点，像杂样蒸食、元宵年糕、粽子、豌豆黄，都比别处精美，就是蜜饯海棠、炒红果、温朴都比果局子好，尤以"果子干"最有名，可谓北京上品，这没有别的缘故，只材料地道，做法细致而已。菜品以扒、焖、炖出名，不善做燕翅大菜，只在中品小品中追求，人人公认拿手菜的，凉的是豆豉鱼、酱腱子，热的是锅烧茄子、锅烧萝卜、锅烧鸡、烧牛羊肉，都另具一番风味。普通人小吃，可以一菜一汤，炖牛羊肉、杂碎散丹或煮饺子，两三角钱便可一饱。贫苦朋友可以到东楼下坐板凳，依然包子摊神气，老丁可谓不忘本了。到入秋以后，炮烤涮时兴，东来顺又要做一批好买卖的。

重阳馆是东来顺出号伙计开立，一切规模东来顺，虽然具体而微，但很能因价廉招徕顾客。馅饼周和东来顺相仿佛，但更"大路"一些。第三等的清真教馆，如前门大街一条龙，崇外大街域华楼，粮食店庆宴楼，只能疗饥，以之会亲友，是不雅相的。

清真家庭饮馔

大教人对于清真教家庭饮馔多不明晓，前承雄洲陈兄秋夜无事，挑灯闲话，给我补充不少。清真教家庭菜如炸油性、肉粥，并非只为果腹，乃是圣食，遇令节才做成享神，这在唐易尘先生有很明细的记载。

以外如抓肉，就是西来顺的抓羊肉，只以大羊代替羊羔罢了。有方子肉，将牛肉切成大方块，排放锅中，加酱油作料，上压石块，汤须过肉，置微火上，一夜肉烂，去石以筷试之，须直能通过。食时欲烧牛肉，则切小块油炸，欲炖牛肉则加汤，并可撕丝做牛肉粥，是以清真教家庭中多喜做方子肉。

又醋肉，将羊肉用油炸过，然后加葱姜佐料，入水三分之一，醋三分之二，炖之至九成熟，将蔓菁头亦切块放于肉上，肉烂蔓菁头亦烂，味最美，且极富养料及消化力，大教朋友不妨一试。又抓饭，兴于新疆回教，前我曾于某报记载，以非北京范围，不再赘入。又熏鱼，清真教熏鱼亦将鱼做成咸味，用真樟木烧熏，味道就特别多了。以上所记，不免遗漏错误，希望教门朋友指教。至今笔者尚有一谜，即清真教是否许吃卤虾油？某君说不许吃，而羊肉馆有此物，曾问羊肉馆伙计，亦说不清，幸亏黄兄教我。又清真教糕点，我曾有详细制法记载，兹不再记，容后补叙。总之清真教糕点清雅绝俗，颇有日本揪饼的风韵，炸卷骨、查菜、莲子、缸炉、锅盔、炸烧饼、果羹，都各具别味。尤其使我不能忘情的，是烧饼铺的"回头"，现在不多见了。

雄洲曾发明一种点心，系将江米煮至极烂成泥，象牙白萝卜也煮成泥，捣和极匀，加生花生仁，用布包裹，搓成长条，冷却凝成年糕，切成寸许小段，用香油炸焦，撒以白糖，不但味好，养料也很丰富。关于清真教饮馔，粗记一点，总而言之，清洁、闲适、平淡隽永，可以作清真教菜的总评。

原载《立言画刊》1938年第6期

夏季北京的家常菜

识因

偶然忆起北京唱莲花落的曲子有云："要吃饭，家常饭；要穿衣，粗布衣。"此两语至可玩味，盖绚烂者易引人，而不能持久，平淡者少刺激性，日日伴之，不觉其妙，一旦隔离，未有不怅然者矣。

凡少年荒唐之浪子，大梦一醒，一定唱出"野花不如家花香"的论调，亦即此意也。旅居故都已久，生活习惯几与之同化，觉得古城中酒楼饭庄以"春"名者多至十数，反不如家中厨子所做的菜饭可口，长夏无俚，把笔记之，聊与南中戚友共作"故都春梦"耳。

北京的规矩，普通人家饭食都是早顿面食，晚上吃饭。到了夏季，面食除了面、饼、包子、馒头、蒸饺子、煮饺子、盒子、馅饼以外，又添上一样"糊塌子"，就是把西葫芦、黄瓜或青倭瓜擦成丝儿，和面糊，打上两三个鸡蛋，和好，在铛上塌成小茶碟大的饼，蘸姜醋吃，外焦里软，很是不错。可是烙的时候厨子站在灶旁一烤，真是受罪。

吃面除了家里有生日或红白棚里，大概没有什么人吃油腻滚烫的"打卤"，或是其热非常的"川卤"。普通是用芝麻酱、炸酱油、烧茄子或烧羊肉拌面，很细的"把儿条"，用凉水一过，用芝麻酱、芥末、老醋一拌，再加上切细的黄瓜丝、芹菜丝的面码，又酸又辣，吃到嘴里冷冷的，真叫清爽。炸酱油又叫"炸汁子"，用好酱油，加上羊肉丝或虾子炸好，用它拌面。烧茄子用大虾米或猪肉红烧茄子，加上毛豆，放宽汁水来拌面。由街上羊肉床子上买来烧羊肉或羊脖子多要汤，也照样可以下面吃。

夏天饺子就不大吃煮的了，大概都改成烫面蒸饺。馅子大概是西葫芦、冬瓜、扁豆、茄子、倭瓜为最多，羊肉冬瓜或羊肉西葫芦最普通。晚饭的时候家家都熬豆汤，用豆汤泡饭，就着咸鸡蛋、咸鸭蛋或是清酱肉，不再作旁的菜就吃饱了。家里饭馆里都有荷叶粥，可是家里荷叶粥只用荷叶盖在锅上，热汽一蒸，粥自然变成黄绿色，有荷叶香，馆子里是用小锅熬荷叶水兑上去，颜色深，也许有点苦，不如家里的好。家常饭菜不过是在茄子、冬瓜、毛豆、扁豆、秦椒、黄瓜、苤蓝这几样上想法子，茄子有荤素好多种做法。

从新年以后，菜市上就有洞子货的茄子出卖，不过有包子那么大，不是普通人家吃得起。五月节以后茄子不贵了，大家才能吃，荤的素的有好多样吃法。红烧茄子是把茄子切成片，用油炸过，用肥瘦适中的猪肉切成片，放宽汁水，加上团粉，把茄子片加入烧好，加口蘑丁和青毛豆或嫩蚕豆为配，颜色鲜明,颇能引人食欲,北海仿膳斋出名的就是烧茄子。有人不用猪肉，改用大虾米，也很好。

再有一个法子就是"酿茄子"，把茄子去外皮，切成二三分厚的片儿，用刀划上些横竖的纹，用油炸过，把肥猪肉剁成碎丁，用酱油和好，一层肉一层茄子片夹杂放在大海碗里，在火上蒸烂，味儿浓厚，颇为下饭，只是好淡素的人不很欢迎。

其他作法如把茄子切成丝，用羊肉丝炒成，作好加老醋、胡椒末，叫"炒假鳝鱼丝"。再有把茄子切成斜方块，用砂锅，不加油，只用盐水加黄豆煮成，叫做"清酱茄"。炝茄丝加韭菜，叫"老虎茄"。还有一法是把茄子切片，夹上和好剁碎的猪肉或羊肉，用面糊一裹炸好，就叫"炸茄饺"。有时茄片切得厚了，炸不透，吃到嘴里，觉有生茄子味，不大好吃。

用大海茄放在灶口一烧，烧熟了，剥去外皮，里面已经烂了，加上芝麻酱一拌，或加黄瓜丝或加熟毛豆，拌好凉吃，叫"拌茄泥"，淡素宜人，最为可口，真是夏季的好家常菜。

冬瓜最大的用处是作馅儿吃，其用小冬瓜蒸冬瓜钟，或冬瓜鸡，家常的吃法就是羊肉冬瓜汤，羊肉用好酱油煨好，最后下肉，做成以后汤鲜肉嫩，加上老醋、胡椒，是夏天最鲜的汤。

毛豆除了肉丝炒毛豆外，没有别的吃法，就是"毛豆丸子"，把生毛豆和羊肉剁成碎末儿，混合拌好，加些团粉，作成丸子，放汤氽毛豆丸子，汤也很鲜。更有一法把生毛豆用小石磨磨成浆，加上花椒油熬熟，叫"小豆腐"，这是乡下传到北京的吃法，平常人家不大爱吃。

夏天遇见连阴天的日子，出不了门，想喝两杯酒，过阴天，没有别的下酒，把毛豆用花椒、盐水一煮，放凉了，一手端杯，一手拈豆，一人独酌固好，两三知心且谈且饮也好。若是手摸空盘，豆子已尽，或是瓶罄杯干，酒兴未阑，望瓶生叹，惆怅不已。此中意趣决非大方肉、大碗酒者所能梦见，亦非列鼎而食者所堪告语。或谓毛豆下酒不免寒乞相，岂其然乎。

原载《古今》1944 年第 49 期